前坪水库工程石方开挖与爆破技术

杨秋贵　罗福生　马文亮　皇甫泽华　张国峰　等著

黄河水利出版社
·郑州·

内 容 提 要

本书结合前坪水库工程开展了安山玢岩岩石的爆破破坏机制及安全防护研究,以前坪水库工程设计成果为基础,以数值仿真模拟和试验为手段,结合工程项目的地质情况,采用工程类比方法进行该工程的石方开挖爆破试验研究。主要对导流洞安山玢岩进行了边壁预裂的明挖爆破及洞挖的光面爆破研究,泄洪洞安山玢岩边壁预裂的明挖爆破及洞挖边壁的光面爆破和下台阶断面的无保护层的挤压爆破研究,溢洪道安山玢岩边壁预裂的爆破及建基面保护层一次性爆除的爆破研究,爆破开挖设备研究和开挖防护技术等,为本工程项目的建设提供理论指导,同时也为其他类似工程提供借鉴。

本书可供水利水电、交通等领域从事岩石开挖与爆破研究的科研工作者及技术人员阅读,亦可供高等院校相关专业师生阅读参考。

图书在版编目(CIP)数据

前坪水库工程石方开挖与爆破技术/杨秋贵等著
. —郑州:黄河水利出版社,2021.9
ISBN 978-7-5509-3105-3

Ⅰ.①前… Ⅱ.①杨… Ⅲ.①水库工程-石方工程-爆破施工-汝阳县 Ⅳ.①TV632.614

中国版本图书馆 CIP 数据核字(2021)第 194400 号

组稿编辑:王路平 　电话:0371-66022212 　E-mail:hhslwlp@ 126. com
　　　　 田丽萍 　　　　 66025553 　　　　 912810592@ qq. com

出 版 社:黄河水利出版社 　　　　　　　　　　　网址:www.yrcp.com
　　　　 地址:河南省郑州市顺河路黄委会综合楼 14 层 　邮政编码:450003
发行单位:黄河水利出版社
　　　　 发行部电话:0371-66026940、66020550、66028024、66022620(传真)
　　　　 E-mail:hhslcbs@ 126. com
承印单位:广东虎彩云印刷有限公司
开本:787 mm×1 092 mm 　1/16
印张:11.25
字数:260 千字
版次:2021 年 9 月第 1 版 　　　　　印次:2021 年 9 月第 1 次印刷

定价:90.00 元

前　言

　　结合前坪水库工程开展爆破试验研究,形成了适用于安山玢岩爆破开挖的一系列技术,如保护层一次开挖技术、安山玢岩深孔台阶爆破技术、安山玢岩光面爆破技术和安山玢岩预裂爆破技术等。

　　(1)隧道下层台阶全断面无保护层挤压爆破与修路保通的施工方法是前坪水库安山玢岩爆破开挖技术中的独特创新点,为加快下层断面的施工进度,减少拉中槽手风钻刷边清底二次扩挖的施工程序和解决上层断面台阶通行道路的矛盾,在下层断面台阶的施工中采用全断面底板无保护层挤压爆破的方法进行爆破作业施工,即采用潜孔钻钻竖向孔,两边墙采用光面爆破、底板采用加装复合反射聚能与缓冲消能装置的无保护层爆破和主爆孔挤压爆破三种控制爆破的组合,实现下层断面全断面一次爆破成型的快速施工要求,并在爆渣堆上修斜坡道路,作为上层断面的交通通道。

　　(2)创新性提出了爆破技术数值模拟分析方法。采用有限单元法分析软件 ANSYS 中的动力分析模块 LS-DYNA 对前坪水库导流洞上下断面、泄洪洞上下断面和溢洪道岩石爆破等试验进行了全过程的三维建模数值仿真分析,岩石和乳化炸药、实体单元均采用 Solid164 三维实体单元,岩石采用 * MAT_PLASTIC_KINEMATIC 模型,乳化炸药采用 * MAT_HIGH_EXPLOSIVE_BURN 和状态方程 * EOS_JWL 来模拟,全过程动态数值模拟安山玢岩爆破开挖过程,合理调整模型参数可以使动力分析结果与现场试验较好吻合。通过三维数值建模计算爆破振动对周围建筑物的振动影响,并对比输水洞明挖爆破的爆破振动观测数据,爆破方案对周围建筑物的振动影响是在安全范围之内的,数值模型计算结果和振动监测结果比较接近,三维数值模型可以准确预测振动传播过程。

　　(3)提出了安山玢岩建基面保护层一次开挖的施工方法,采用了聚能罩加孔底柔性垫层保护措施,通过试验总结出适宜的爆破参数:在爆破孔间排距 2 m×1 m 的情况下,爆破孔底高程超钻 20 cm 控制,在岩石特性和炸药单耗量确定的情况下,通过控制爆破孔间排距和超钻深度,使用锥形或环形炸药聚能方式,结合柔性垫层措施,能够实现建基面保护层一次爆破开挖的目的,满足建基面质量要求,解决了常规模式下建基面开挖 2~3 次完成和耗时、耗工的难题,节省了人力、物力、财力,提高了施工效率,保证了施工质量,也可为同岩性条件下建基面爆破施工提供技术参考。

　　(4)结合工程特点提出了新型的潜孔钻机支架稳定装置。改进后的支架便于移动、钻孔操作方便,由于增加了前支腿和配重,简易潜孔钻能够起到稳钻机、减少钻机晃动的作用,确保钻机的精度。简易潜孔钻机能够适用于现场崎岖不平或者钻机移动较远、较困难的环境,且具有施工效率高、设备闲置时间短、钻孔稳定性强等优点,有效地降低了施工成本,提高了凿岩爆破的功效,提高了钻孔精度。

　　本书共分 11 章,第 1 章绪论,第 2 章岩体爆破技术理论基础,第 3 章明挖爆破技术研究,第 4 章洞挖爆破技术研究,第 5 章全断面无保护层挤压爆破技术研究,第 6 章明挖建基面无保护层一次开挖爆破技术研究,第 7 章爆破开挖对周围建筑物的影响,第 8 章全断面无保护层挤压爆破开挖效益分析,第 9 章爆破开挖设备研究,第 10 章开挖防护技术,第 11 章结论及创新点。

本书撰写单位:河南省水利科学研究院、河南省水利第二工程局、河南科光工程建设监理有限公司、华北水利水电大学、河南省前坪水库建设管理局。

本书撰写人员:河南省水利科学研究院杨秋贵、雷存伟、孙建立、周彦平、何向东、李陆明、崔洪涛、王建华,河南省水利第二工程局张国峰、郝二峰、宋歌、易磊、于修胜、杜郧隆、王磊、李良琦、史新义、陈礼强、丁华丽、陈国栋、陈浩,河南科光工程建设监理有限公司张保中、张冠营、宋楠、赵向锋、王彦龙、程超、杨青杰、李伟亭、王永亮,华北水利水电大学马文亮、张光耀,河南省前坪水库建设管理局皇甫泽华、应越红,河南省豫东水利工程管理局罗福生等。全书由杨秋贵、皇甫泽华统稿。

本书的出版得到了河南科光工程建设监理有限公司和河南省水利第二工程局的资助,图文的编写参阅了大量国内外同行的文献和著作并加以引用,尤其是本书的理论和模型需要同行大量的试验数据来验证。在此,谨致以衷心的感谢!

由于作者水平有限,书中难免存在许多不足、疏漏之处,敬请各位专家和读者批评指正。

作 者

2021 年 6 月

目　录

第 1 章　绪　论

1.1　研究背景

1.1.1　问题提出

根据国家"十三五"促进中部地区崛起规划,为了牢牢抓住发展的"春风",促进中原地区的崛起,水利基础设施工程建设顺势而上,在基础设施建设与工程建设的推进中不可避免要碰到岩石开挖,研究岩石爆破机制及安全防护,对于岩石的开挖与处理等工程建设具有重要的现实意义与理论价值。为此,结合前坪水库工程项目开展安山玢岩岩石的爆破破坏机制及安全防护研究,为本工程项目的建设提供理论指导,同时也为其他类似工程提供借鉴。

项目始于 2015 年 11 月,河南省水利科学研究院于 2017 年、2018 年立项实施,2019 年向河南省水利厅申报立项。本书研究结合前坪水库建设实际,依托河南科光工程建设监理有限公司、河南省水利第二工程局及华北水利水电大学等单位联合开展,以前坪水库的设计成果为基础,以数值仿真模拟和试验为手段,结合工程项目的地质情况,采用工程类比方法进行该工程的石方开挖爆破试验研究。主要对导流洞安山玢岩进行了边壁预裂的明挖爆破及洞挖的光面爆破研究,泄洪洞安山玢岩边壁预裂的明挖爆破及洞挖边壁的光面爆破和下台阶断面的无保护层的挤压爆破研究,溢洪道安山玢岩边壁预裂的爆破及建基面保护层的一次性爆除的爆破研究。

1.1.2　前坪水库工程概况

1.1.2.1　基本情况

前坪水库位于淮河流域沙颍河支流北汝河上游、河南省洛阳市汝阳县县城以西 9 km 的前坪村,是以防洪为主,结合灌溉、供水,兼顾发电的大型水库。工程主要建筑物包括主坝、副坝、溢洪道、泄洪洞、输水洞、电站等。前坪水库总库容 5.84 亿 m^3,控制流域面积 1 325 km^2。水库设计洪水标准采用 500 年一遇,相应洪水位 418.36 m;校核洪水标准采用 5 000 年一遇,相应洪水位 422.4 m。水库主要建筑物有主坝、副坝、溢洪道、泄洪洞和输水洞,次要建筑物有电站、交通道路、桥梁等,临时建筑物有导流洞等。水库工程规模为大(2)型,工程等别为 Ⅱ 等,主坝采用黏土心墙土石坝型,最大坝高 90.3 m,主坝为 1 级建筑物,其他主要建筑物(副坝、溢洪道、输水洞等)级别为 2 级,次要建筑物级别为 3 级,临时建筑物级别为 4 级。

1.1.2.2 水文地质

1. 导流洞工程地质

导流洞洞身段位于弱风化安山玢岩中,岩体完整性差,围岩类别为Ⅲ类。f40 断层、f43 断层穿过洞身段,断层破碎带位置岩体强度较低,稳定性差,围岩类别为Ⅳ类。

2. 泄洪洞工程地质

引渠段地质结构上部为上更新统壤土、粉质黏土和卵砾石层,呈互层状,下伏基岩为安山玢岩,弱风化。引渠段底板高程 360 m,基础位于壤土、粉质黏土上,在桩号 0-008 处过渡为安山玢岩。粉质黏土抗冲刷能力差。进口段地质结构上部是壤土与卵石互层,下伏基岩为安山玢岩。底板高程为 360 m,洞口大部分及洞身处于弱风化的安山玢岩中。竖井控制端自上而下为弱风化的安山玢岩,岩体裂隙发育,主要裂隙产状与进口段和洞身段相似,围岩类别属Ⅲ类。洞身段大部分位于微弱风化安山玢岩,桩号 0+346 后进入辉绿岩,局部为强风化流纹岩,岩体陡倾角裂隙发育,裂隙走向以北西向、北东向为主,岩体多呈镶嵌碎裂结构,完整性较差,洞体受北东向裂隙构造影响较大。洞身段末端岩体为强风化安山玢岩。洞身段围岩类别为Ⅲ类,末端岩体强度较低,稳定性差,围岩类别为Ⅳ类。出口消能段大部分为弱风化安山玢岩,洞脸边坡岩体倾角裂隙发育,裂隙走向以北往西、北东向为主,受西北向裂隙构造影响,岩体多呈镶嵌碎裂结构,完整性较差。

3. 溢洪道工程地质

进水渠段建基面位于弱风化的安山玢岩上。后段左岸边坡高最大达到 84 m,为中—高岩质工程边坡,发育三组裂隙,产状 190°∠55°,一组裂隙对左岸边坡稳定影响较大,其他两组对右岸边坡有一定影响;在后段右岸位于坡积碎石土上,局部为壤土、粉质黏土,抗冲性能相对较差。控制段岩性主要为弱风化上段安山玢岩,桩号 0+008 后变为强—弱风化辉绿岩。岩体陡倾角裂隙发育,受构造影响,岩体多呈镶嵌碎裂结构,完整性较差。左右两岸边坡高分别达到 80 m、30 m,为中—高岩质工程悬坡,190°∠55°向裂隙对左岸边坡稳定影响较大;10°∠75°、270°∠60°向裂隙对右岸边坡稳定影响较大。堰基局部存在破碎岩体,呈强风化状。泄槽段上部为覆盖层,岩性为碎石和壤土;下伏基岩为辉绿岩,局部裸露,建基面大部分位于弱风化上带岩体中,局部位于强风化岩体中。建基面以下岩体裂隙发育,受构造影响,岩体多呈镶嵌碎裂结构,完整性较差,抗冲刷能力差。出口消能工段岩性为弱风化辉绿岩,局部位于强风化岩体中。岩体完整性较差,抗冲刷能力差。

4. 输水洞工程地质

引渠主要位于弱风化的安山玢岩中,进口段有人工堆积的碎石,土质疏松,抗冲刷能力差。进水塔段位于弱风化的岩体中,岩体裂隙较发育,完整性差,f43、f121 断层破碎带结构疏松,隧洞开挖过程中在断层带出现塌方冒顶现象,围岩稳定性差或不稳定。洞身段大部分位于弱风化安山玢岩中,岩石饱和抗压强度 64.7 MPa,岩体完整性系数 0.28。岩体裂隙发育,裂隙以微张为主,延伸不远,为半—全充填,充填物为钙质、泥质及铁锰质薄膜。围岩类别为Ⅲ类,普氏坚固系数 $f = 6 \sim 8$。洞身段首段、尾部(弱风化砾岩)及 f40 断层、f43 断层破碎带位置岩体强度较低,稳定性差,围岩类别为Ⅳ类,以上部位可能产生塑性变形,不支护可能产生塌方变形破坏。明埋钢管段建基面大部分位于强—弱风化的安山玢岩上,后段位于砾岩上。消能池和尾水池建基面位于古近系砾岩或卵石层中,密实状态,强度较高,工程地质条件较好。池壁岩性主要为壤土、卵石和砾岩,存在边坡稳定问题。退水闸建基面位于壤土层中,属硬土,其下为卵石和砾岩。尾水渠段建基面位于壤土上,其下为卵石。壤土强度低,抗冲刷能力差。

5. 电站厂房工程地质

电站厂房基础大部分位于砾岩上,局部位于卵石层上,地基土承载力较高。

1.1.2.3　工期安排

工程总工期计划为 5 年。其中,导流洞工程为 2015 年 10 月至 2016 年 9 月,泄洪洞工程为 2015 年 10 月至 2016 年 9 月,输水洞电站工程为 2018 年 10 月至 2019 年 9 月,溢洪道工程为 2017 年 1 月至 2018 年 12 月,大坝工程为 2016 年 10 月至 2020 年 2 月。

1.1.2.4　主要工程量

工程岩石开挖量为 217.1 万 m³,其中明挖 206.8 万 m³,洞挖 10.3 万 m³。导流洞工程明挖 6.9 万 m³,洞挖 3.5 万 m³;泄洪洞工程明挖 3.1 万 m³,洞挖 6.1 万 m³;输水洞电站工程明挖 11.8 万 m³,洞挖 0.7 万 m³;溢洪道工程明挖 172.4 万 m³;大坝明挖 12.6 万 m³。

1.2　国内外研究现状

地下岩体在炸药的爆破荷载作用下发生的破坏损伤机制是一个非常复杂的力学问题,涉及化学、物理、爆炸动力学及岩石物理结构等众多因素,以至于到目前为止,国内外对岩体爆破损伤机制仍没有建立起系统性的认识。岩体爆破开挖损伤机制从微观上可以大致归纳为在爆破荷载激发下岩体内部的原有细小裂纹的动态演化过程,该如何准确地把握这种动态力学过程,进而构建起比较符合地下岩体爆破开挖的损伤力学模型,一直都是国内外学者的研究重难点之一。

1.2.1　国外岩石爆破开挖技术研究现状

A. V. Dyskin、U. Langfors 和 B. Kihlstroam 指出,岩体爆破损伤是岩体原有裂纹在爆炸应力波的传播、反射及相互作用下被激活、扩展,从而导致岩体强度降低、渗透性增大、承载能力减弱。V. N. Mosinets、J. R. Brinkmann 和 M. Olsson 等认为在岩体爆破开挖过程中爆炸应力波诱发的围岩损伤区占总体损伤区的 75%~88%,而剩余的围岩损伤均由炸药产生的高压气体产生。H. K. Kutter 和 C. Fairhurst 等认为,地下岩石在爆破荷载作用下岩体中初始细微裂缝的扩展发育主要是在爆炸应力波作用下开始的,而裂缝的传播和贯通主要是由爆生气体产生的膨胀压力导致的。最早的岩体爆破损伤模型是 M. E. Kippe 和 D. E. Grady 等所建立的 K-G 损伤模型,该模型在充分考虑了原岩分布的大量原生细小裂纹,假定在爆破冲击荷载作用下被激活的裂纹数目服从双参数的 Weibull 分布。L. M. Taylor 和 B. Budiansky 等研究了岩体的裂纹密度、有效体积模量及有效泊松比与损伤系数 D 的关系,建立了 TCK 模型。J. S. Kuszumaul 考虑到深埋岩石的抗压强度要远大于其抗拉强度,因此将岩石的爆破损伤分为体积压缩状态和体积拉伸状态两部分对待,并在此基础之上建立了 KUS 岩石损伤模型。关于深埋岩体开挖卸荷扰动区的形成机制及其分布特征的研究工作,最早起始于国外 20 世纪 70 年代,国外早期研究主要存在于矿山开挖和深埋隧道开挖的过程中,为满足地下核废料储存库建设的需要,国外进行了大量的现场综合测试场与原位监控,并开始对岩体开挖卸荷效应和开挖扰动损伤区的形成机制进行了全面的系统性研究。近年来,国外在瞬态卸荷数值模型计算方面也做了大量研究,如A. F. Nozhin 和 J. Molinero 等。T. Maejima 和 S. C. Maxwell 等对围岩开挖松动范围的现场检测与诊断技术等方面做出了大量的研究。R. P. Young、A. A. Spivak 和 W. Lu 等根据隧道开挖围岩应力重分布完成后得出的开挖损伤区,提出了地下洞室开挖完成后岩体脆性破坏的岩石裂纹起裂和损伤的应力阈值。对于深埋岩体爆破开挖而言,通过爆破过程中的高速摄影及现场原位测试均发现,在爆破开挖过程中,开挖面上的地应力释放是在极其短暂的时间内瞬间释放完成的。早在 20 世纪 90 年代开始,国内外学者开始重视并进行开挖卸荷的研究。1966 年,M. A. Cook 等研究发现地下岩体开挖面岩石的超松弛张拉现象可能与围岩初始应力的开挖释放有关。苏联 M. G. Abuov 等指出隧洞在开挖过程中掌子面上的地应力瞬态卸荷,有可能会导致掌子面的围岩的破坏损伤。

1.2.2　国内岩石爆破开挖技术研究现状

岩石爆破过程是一个在岩体系统内作用强烈、作用时间极短、作用过程较为复杂的物理化学变化过程。我国学者近年来在岩石爆破开挖技术方面开展了广泛的研究,取得了丰硕的研究成果。

邵鹏等通过目前国内外学者对岩石力学模型的研究,系统地阐述了目前对岩石爆破模型的研究情况,并提出了有关当前理论模型研究的看法:弹性力学模型作为一种成熟的理论模型,是基于一种理想的假设下成立的,该理论忽略了岩石本身存在的各种缺陷,必然会导致理论结果与实际结果相差较大;断裂力学模型对岩石内部的裂纹进行了简化,然而实际上岩石内部的裂纹是复杂多变的,所以断裂力学模型的理论基础决定了该模型无法反映实际情况中岩石内部各个裂纹的发展及裂纹间相互作用对计算结果的影响;损伤力学模型作为目前爆破模型研究的最新方向,为研究岩石的力学特性、破坏机制提供了新的思路。对于爆破过程中爆破荷载的作用方式,目前多数人认为:炸药在爆炸过程中释放出来的能量是以冲击波和爆轰气体的膨胀推力作用于岩石上,并导致岩石的破坏。凌伟明、杨永琦等通过有限单元法计算了在爆生气体准静态压力作用下炮孔周围径向裂纹的强度参数,以此来分析炮孔周围径向裂纹的应力状态。其研究表明:在光面爆破过程中,当爆生气体处于准静态膨胀的时候,炮孔之间径向连线方向上的裂纹会优先扩展,而垂直炮孔连线方向上的环向裂纹在压力的作用下将会被抑制难以发生进一步的扩展;炮孔周围的径向裂纹数量、裂纹长度、渗入裂纹内的爆生气体及自由面都将对裂纹的发育产生不同程度的影响。李玉民等提出预应力在光面爆破和预裂爆破过程中是客观存在的,通过该预应力对初始裂纹及材料强度影响的研究发现:爆破时先爆孔将会产生预应力,该预应力和后爆孔产生的爆炸作用力将会产生相互作用,在沿炮孔间连线方向上将会发生拉应力叠加,当拉应力超过岩石抗拉极限时岩石将破坏形成初始裂纹,裂纹形成后,在爆生气体的作用下裂纹将会进一步扩展直至贯通。高金石、张继春等运用岩体动力学原理,阐述了爆破过程中产生的冲击波、应力波和爆生气体在岩石破碎过程中的作用,通过分析不同范围内岩石的破坏形式,提出了岩体的破坏假设与判据,并得出了岩体破碎范围的计算公式。孙波勇等介绍了目前国内外岩石爆破理论模型的发展历程和研究现状,岩石爆破理论模型的研究经历了弹性理论阶段、断裂理论阶段、损伤理论阶段和分型损伤理论阶段四个阶段,不同理论模型都有着不同的适用范围,且对于实际工程的应用都有着一定的局限性。为了更好地将理论模型应用于实际爆破工程中,非线性科学理论的研究将更有利于爆破理论模型的发展。徐莉丽等研究了岩石抗拉强度与光面爆破参数之间的关系,研究发现不同动态极限抗压强度的岩石在进行爆破设计时,对药卷、炮孔直径和不耦合系数的选择也将不同。毛建安根据不同围岩的性质针对性地设计爆破参数,实践发现适当加密周边孔、确定合理的光爆层厚度、适用的炸药类型、采用小直径药卷不耦合装药结构、控制周边孔起爆时间是保证光面爆破效果的关键。顾义磊等通过对隧道光面爆破合理参数的研究,提出了基于超欠挖量、炮痕率和岩石损伤程度的光面爆破质量评价标准。王家来等认为炸药在爆炸后先以冲击波的形式向岩体内传播,冲击波很快将衰减成应力波,而应力波的传播远远超前于岩体内裂纹的发展,应力波超前传播的力学特性必然导致应变波对岩体的损伤产生影响,因此考虑应变波的动态作用将更符合实际。陈士海等将断裂力学理论和损伤力学理论结合,分析了光面爆破中光爆孔周围岩石的应力场、损伤场及主裂纹的长度和爆轰气体膨胀推力之间的关系,以此来估算光面爆破对围岩造成的损伤程度。吴亮等采用JHC混凝土损伤演化模型分析了不同装药结构条件下爆破荷载对炮孔附近岩石的破坏作用。模拟结果表明:在爆破方案中,当炮孔中的空气层位于中部的时候爆破效果较为理想,但这种装药结构在操作时较为不便且爆破成本高,当炮孔内空气层位于上部时,炮孔中部拉应力范围广,易于裂纹扩展,且操作简便。另外,通过改变炮孔轴向不耦合系数和起爆方式可发现:轴向不耦合系数在一定范围内增加,可以使炮孔内产生较大的拉伸应力,对光面爆破产生有利效果,但是不耦合系数过大会在孔口出现挂门帘现象;起爆方式爆破的效果影响不显著。赵明阶等用超声波速来定义损伤变量,通过分析外荷载作用前后超声波波速的变化来估计岩石强度,提出岩石初始声速与岩石强度之间存在着指数关系。严鹏、卢文波等利用声波检测法对辅助洞爆破开挖的损伤区进行了检测,并以此来分析岩体在地应力和爆破作用下的损伤特性。张国华、陈礼彪等借助于声波检测研究隧道导坑在掘进施工过程中反复爆破荷载对隧道围岩的损伤特性,在多次爆破荷载作用下围岩将产生累积损伤。

第 2 章 岩体爆破技术理论基础

2.1 岩石爆破损伤模型及损伤变量

2.1.1 现有岩石爆破损伤模型及评述

岩石爆破机制的研究已经经历了三个阶段:第一阶段是弹性力学阶段,将岩石看成理想均匀、没有任何缺陷的连续介质,通过弹性分析按照经典的强度理论来判断岩石在爆炸载荷作用下的破坏范围;第二阶段是断裂力学阶段,将炮孔附近所形成的宏观裂纹周围看成均匀的连续介质,即只考虑理想的宏观缺陷,裂纹在爆炸应力波和爆生气体的驱动作用下扩展,并由应力强度因子准则来确定裂纹扩展区域;第三阶段是损伤力学和断裂力学相结合的阶段,认为岩石中往往存在大量弥散分布的细观缺陷,在外界压力作用下,损伤将逐渐演化,岩石的破坏往往是由损伤的集中化发展的,最终形成宏观的缺陷如裂纹,在宏观裂纹形成后,细观的损伤仍在不断演化,并推动宏观缺陷的发展,裂纹扩展的过程就是裂纹尖端到附近岩石逐渐损伤引起的损伤区的移动过程。该方法研究的目的是寻求在考虑损伤的情况下裂纹扩展的参数,进而建立具有更一般意义的岩石损伤破坏准则,更好地反映岩石在爆炸载荷作用下破坏的实际过程。从岩石损伤断裂的细观理论出发,确定岩石爆破损伤场的关键是求解裂纹密度,而裂纹密度与裂纹半径的三次方成正比。因此,确定岩石爆破损伤场的基本问题是如何确定微裂纹的扩展规律及尺寸,这是研究岩石爆破损伤断裂机制的关键点。

岩石爆破损伤模型的基本点在于引入一个内部状态参量即损伤变量来表示微裂纹的集聚引起的材料坚固性损失。其基本假设是:岩石为含有随机分布裂纹的各向同性材料,在体积拉伸条件下微裂纹扩展,并产生损伤,在体积压缩条件下微裂纹不扩展并服从弹塑性模型;被激活的裂纹数服从双参数的 Weibull 分布,并定义损伤系数为裂纹密度的函数。

下面以 TCK 模型为例来简要总结这类模型的基本理论和研究方法。

在体积拉伸条件下,岩石中被激活的微裂纹数服从 Weibull 分布:

$$N = k\varepsilon^m \tag{2-1}$$

式中:N 为激活的裂纹数;ε 为体积应变;k、m 为材料常数。

裂纹一旦被激活就影响周围岩石,并使周围岩石释放拉应力,这样裂纹密度就是裂纹影响区岩石体积与岩石总体积之比,即

$$C_d = \beta N a^3 \tag{2-2}$$

式中:C_d 为裂纹密度;β 为系数;a 为微裂纹平均半径,可采用 Grady 的表达式计算

$$a = \frac{1}{2}\left(\frac{\sqrt{20}\,K_{IC}}{\rho C_{P}\dot{\varepsilon}_{max}}\right)^{\frac{2}{3}} \tag{2-3}$$

式中：K_{IC} 为断裂韧性；ρ 为密度；C_{P} 为纵波速度；$\dot{\varepsilon}_{max}$ 为最大体积拉应变率。

将式(2-3)和式(2-1)代入式(2-2)得裂纹密度及其率形式为

$$C_{d} = \frac{5}{2}k\left(\frac{K_{IC}}{\rho\dot{\varepsilon}_{max}}\right)^{2}\varepsilon^{m} \tag{2-4}$$

$$\dot{C}_{d} = \frac{5}{2}km\left(\frac{K_{IC}}{\rho\dot{\varepsilon}_{max}}\right)^{2}\varepsilon^{m-1}\dot{\varepsilon} \tag{2-5}$$

损伤系数 D 由介质的体积模量定义为

$$D = 1 - \frac{\overline{K}}{K} \tag{2-6}$$

引用 Budiansky 和 O'Connell 给出一个有裂纹固体的有效体积模量表达式，即

$$\frac{\overline{K}}{K} = 1 - \frac{16}{9}\frac{(1 - \overline{\nu}^{2})}{(1 - 2\overline{\nu})}C_{d} \tag{2-7}$$

裂纹密度的表达式为

$$C_{d} = \frac{45}{16}\frac{(\nu - \overline{\nu})(2 - \overline{\nu}^{2})}{(1 - \overline{\nu}^{2})\left[10\nu - \overline{\nu}(1 + 3\nu)\right]} \tag{2-8}$$

式中：$\overline{K}$ 为有效体积模量；K 为原始体积模量；$\overline{\nu}$ 为有效泊松比；ν 为原始泊松比。

结合式(2-6)和式(2-7)，把损伤系数与裂纹密度联系起来，从而定义损伤系数为

$$D = \frac{16}{9}f(\overline{\nu})C_{d} \tag{2-9}$$

$$\dot{D} = \frac{16}{9}f(\overline{\nu})\dot{C}_{d} + \frac{16}{9}\dot{f}(\overline{\nu})C_{d} \tag{2-10}$$

$$f(\overline{\nu}) = \frac{1 - \overline{\nu}^{2}}{1 - 2\overline{\nu}} \tag{2-11}$$

将以上定义的损伤系数耦合到线弹性应力—应变关系中去，可得

$$\left.\begin{array}{l} P = 3K(1 - D)\varepsilon \\ S_{ij} = 2G(1 - D)e_{ij} \end{array}\right\} \tag{2-12}$$

式(2-12)两边分别对时间求导，可得

$$\left.\begin{array}{l} \dot{P} = 3K(1 - D)\dot{\varepsilon} - 3K\varepsilon\dot{D} \\ \dot{S}_{ij} = 2G(1 - D)\dot{e}_{ij} - 2Ge_{ij}\dot{D} \end{array}\right\} \tag{2-13}$$

式中：P 为体应力；ε 为体应变；S_{ij} 为偏应力；e_{ij} 为应变偏量；G 为剪切模量。

式(2-5)、式(2-10)、式(2-13)是一个常微分方程组,它们描述了岩石对拉伸加载的响应。压缩部分的响应可由经典的弹塑性模型来描述。

以上岩石爆破损伤模型将岩石在爆炸作用下的动态损伤断裂作为一个连续的损伤累计过程来处理,并从细观力学角度出发将损伤变量定义为裂纹密度的函数,以标量的形式耦合到岩石的本构关系中去,使该模型更符合岩石爆破的实际情况,为进一步理解岩石爆破的全过程提供了理论基础。但目前的理论模型在实际应用中存在以下问题有待解决:

(1)决定裂纹密度分布的两个材料参数 k、m 的物理意义尚不明确,且其值难以确定,以往的模型基本上引用美国 Sandia 国家实验室提供的油页岩中的参数,其应用受到限制。

(2)岩石爆破损伤破坏准则不明确,且缺少试验依据。在目前的模型中,在确定爆破破碎范围时,往往是用爆破漏斗试验所观测到的宏观破坏范围与数值模拟的结果比较来确定破坏边界的损伤系数值,并作为最终的破坏判据,由此界定的破坏临界损伤值有0.20、0.22 等。

(3)现有岩石爆破损伤模型中都未考虑爆生气体对岩石的损伤和破坏作用,这是一个严重的缺陷。在实际情况中,爆炸应力波对岩石形成的微损伤,在爆生气体的作用下会进一步发展,但由于爆生气体和应力波对岩石的损伤和破坏作用机制不同,在同一理论模型中进行耦合是一个很难解决的问题。

(4)现有模型中仅考虑了在体积拉伸条件下的损伤效应,而在体积压缩时采用了未考虑损伤的弹塑性本构模型,其合理程度需进一步研究。

2.1.2 岩石损伤变量的定义及有效弹性模量

2.1.2.1 岩石爆破损伤模型中对损伤变量的定义

损伤变量的确定及其演化方程是建立岩石爆破损伤断裂模型的关键所在。在以往的岩石爆破损伤模型中,损伤变量都采用了式(2-6)的定义,但由于引用有效体积模量的表达式不同,从而损伤变量的表达式也有所区别。

TCK 模型中引用了 Budiansky 和 O'Connell 的有效体积模量及裂纹密度的表达式[式(2-7)和式(2-8)],从而有

$$D = \frac{16}{9} f(\bar{\nu}) C_d \tag{2-14}$$

KUS 模型也采用了以上定义,但该模型考虑了发生在高密度微裂纹情况下的荫屏效应,认为裂纹的激活率必须考虑由于损伤变量 D 引起的减小。式(2-5)修正为

$$\dot{C}_d = \frac{5}{2} km \left(\frac{K_{IC}}{\rho \dot{\varepsilon}_{max}} \right)^2 \varepsilon^{m-1} \dot{\varepsilon} (1 - D) \tag{2-15}$$

Thorne 等采用了 Jaeger 的有效体积模量关系式,从而得到的损伤变量表达式为

$$D = f(\bar{\nu}) \left[1 - \exp\left(-\frac{16}{9} C_d \right) \right] \tag{2-16}$$

式(2-16)中有效泊松比及裂纹密度的修正定义为

$$\bar{\nu} = \nu \exp\left(-\frac{16}{9}C_d\right) \tag{2-17}$$

$$C_d = \frac{5}{2}k(\varepsilon - \varepsilon_d)^m \left(\frac{K_{IC}}{\rho C_P \dot{\varepsilon}_{max}}\right)^2 \tag{2-18}$$

式中：ε_d 为体积膨胀应变。

式(2-18)说明只有当体积应变超过 ε_d 时，裂纹才会被激活。

Yang 等和 Liu 等首先定义了裂纹密度，即

$$C_d = \alpha(\varepsilon - \varepsilon_c)^\beta t \tag{2-19}$$

式中：α、β 为材料常数；ε_c 为临界拉伸体应变。

他们认为裂纹只有在体积拉伸应变超过该临界体应变后才会被激活，Liu 等认为 ε_c 可取材料在静态单轴拉伸条件下达到强度极限时的体积应变值，并假设有效泊松比等于原始泊松比。

对于体积为 V_0 的含裂纹体，根据断裂概率 P_f，Yang 等和 Liu 等的定义分别为

$$D = 1 - \exp(-C_d^2) \tag{2-20}$$

$$D = P_f = 1 - \exp(-C_d V_0) \tag{2-21}$$

在以上几种定义中，可分为两类：一类定义 D 为裂纹密度的线性函数；另一类定义 D 为裂纹密度的幂指数函数，且对有效泊松比的定义也不一样，从而影响有效体积模量。为便于分析，做出以上几种定义中的有效泊松比及有效体积模量随裂纹密度变化的关系曲线，如图 2-1 和图 2-2 所示。

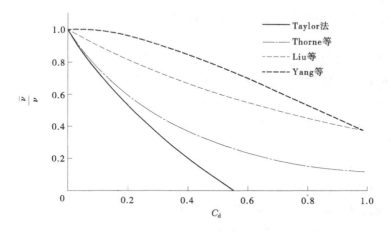

图 2-1　泊松比与 C_d 的关系

2.1.2.2　微裂纹损伤材料的有效模量

岩石等脆性材料的细观损伤机制主要是微裂纹的成核、扩展和连接作用及微裂纹损伤对材料的力学性能的影响，损伤变量是通过有效模量来定义的，如何计算微裂纹损伤材料的有效弹性模量是脆性材料细观损伤理论的基础，有效模量的计算精度直接影响损伤变量的精确性。

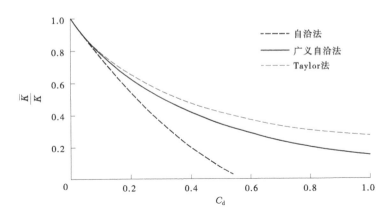

图 2-2　有效体积模量与 C_d 的关系

　　脆性损伤理论经常采用等效介质的方法,即认为微裂纹处于一种等效的弹性介质中,其前提是认为每个微裂纹周围的外场与其他微裂纹的准确位置无关。目前,具有代表性的计算微裂纹损伤材料的有效弹性模量的方法主要有非相互作用的 Taylor 法、弱相互作用的自洽法和广义自洽法等。

　　Taylor 法完全忽略微裂纹之间的相互作用,即认为每个微裂纹处于没有损伤的弹性基体中,微裂纹受到的载荷等于远场应力。这种方法很简单,而且对于微裂纹分布比较稀疏的情况有足够的精度,Kachanov 也认为该方法的适用范围比预期范围更广泛,这是微裂纹之间的应力屏蔽作用和应力放大作用两种机制的相互抵消的结果,且也被一些数值计算结果所证实。

　　自洽法考虑了微裂纹之间的弱相互作用对有效弹性模量的影响,将每个裂纹置于具有自洽等效模量的基体材料中,分析单个微裂纹的变形及其引起的模量变化,然后对所有微裂纹取总体平均,求解材料的有效模量;Budiansky 和 O'Connell 将自洽方法应用于微裂纹体,其中损伤用一个标量参数——微裂纹密度表示,由于其形式简单,也有较好的精度,得到了广泛的应用。

　　广义自洽法也称为夹杂-基体-复合材料模型,将这种模型推广应用于微裂纹材料,首先将单个裂纹置于体积相当于裂纹密度的椭球基体材料中,然后连同基体置于具有有效模量的微裂纹材料体中,从而考虑微裂纹之间的弱相互作用。

　　对于币状裂纹,根据广义自洽法所确定的在拉伸应力作用下有效模量的计算公式为

$$\frac{\overline{E}}{E} = \left[1 + \frac{16}{45} \frac{(1-\nu^2)(10-3\nu)}{2-\nu} C_d + D_E^{3D} C_d^{5/2} \right]^{-1} \qquad (2-22)$$

$$\frac{\overline{K}}{K} = \left[1 + \frac{16}{9} \frac{1-\nu^2}{1-2\nu} C_d + \frac{3D_E^{3D} - 2(1+\nu)D_G^{3D}}{1-2\nu} C_d^{5/2} \right]^{-1} \qquad (2-23)$$

式中: D_E^{3D} 和 D_G^{3D} 为依赖于基体材料泊松比的参数。

　　Taylor 法的结果可由式(2-22)和式(2-23)中去掉方括号中第三项得到;自洽法的结

果见式(2-7)和式(2-8)。

2.1.2.3 计算有效模量的三种方法的比较

对确定含裂纹体的有效模量常用的三种方法(Taylor 法、自洽法和广义自洽法)根据理论结果得出的有效弹性模量与裂纹密度的关系曲线如图 2-2 所示。

从图 2-1 和图 2-2 中的曲线及以上分析可以发现：

（1）对于随机分布的微裂纹,Taylor 法给出的结果是有效模量的上限,而自洽法给出的结果是一种下限,广义自洽法位于两者之间。因此,认为自洽法过高地估计了微裂纹的相互作用对材料刚度的影响。

（2）TCK 模型和 KUS 模型采用了自洽法来确定有效弹性模量,但在自洽理论的结果中,当 $C_d \to 9/16$ 时, $\bar{K}/K \to 0$, $\bar{\nu}/\nu \to 0$,实际上这是不合理的,因为实际上有效模量是随着微裂纹密度的增大而逐渐趋近于零的。这是由于该模型夸大了微裂纹的相互作用,因此该模型只适用于裂纹密度比较低的情况,微裂纹密度越高,自洽法的误差就越大。

（3）Yang 等和 Liu 等的模型中假定在微裂纹的扩展过程中认为有效泊松比不变也是不合理的,由此获得的有效弹性模量偏高,且高于用忽略了微裂纹之间相互作用的 Taylor 法所确定的有效模量值,而该方法所确定的值是偏高的。

（4）Thorne 模型中采用的方法在低裂纹密度条件下与 TCK 模型中所确定的有效弹性模量非常接近,当 $C_d \to 1$ 时, $\bar{K}/K$ 及 $\bar{\nu}/\nu$ 逐渐趋近于 0,对 TCK 模型中的假设在高裂纹密度条件下进行了修正,其结果接近于广义自洽法。

2.2 岩石爆破损伤断裂过程和破坏准则

2.2.1 岩石爆破损伤断裂过程

岩石爆破损伤断裂的细观机制是以岩石爆破机制和岩石细观损伤力学为理论基础的。根据岩石爆破理论,炸药在无限大的岩体中爆炸时,在岩石内部将产生爆炸冲击波作用下的粉碎区(近区)、爆炸应力波和爆生气体作用下的裂隙区(中区)及爆炸地震波的弹性振动区(远区)。在爆破近区,岩石被强烈压缩破碎,且作用范围小,而爆破远区是弹性振动区,可不考虑损伤问题,因此对岩石的爆破损伤断裂研究重点是在爆破中区的研究,且为简单起见,忽略爆破近区,将冲击波的作用区近似为应力波作用的一部分。那么,根据岩石的爆炸作用和损伤断裂的细观机制,岩石爆破损伤断裂的过程可分以下两个阶段：

（1）爆炸应力波作用下岩石的损伤断裂初期阶段,该阶段在爆破近区产生宏观裂纹,在爆破中区使微裂纹激活并扩展。

（2）爆生气体的准静态作用后期阶段,该阶段是在爆炸应力波造成的损伤场基础上,产生二次损伤断裂的过程,在爆破近区为爆生气体驱动下的裂纹扩展区,中远区为爆生气体压力场作用下的微裂纹扩展区。

2.2.2　岩石爆破损伤断裂准则

根据以上对岩石爆破损伤的过程分析和岩石的损伤断裂机制,在爆炸作用的不同阶段需要采用不同的岩石损伤断裂准则:

(1)爆炸冲击波作用下的宏观裂隙区。在该区,爆炸冲击波的压力载荷远远超过岩石的抗压强度,岩石产生强烈的压缩破坏,因此可采用岩石的动态抗压强度作为破坏准则。该区域作用范围很小,一般为装药半径的2~3倍。

(2)爆炸应力波作用下的微裂纹扩展区。在爆炸应力波作用下,岩石往往表现为强脆性,因此在爆炸应力波作用下的岩石损伤断裂准则可以采用纯脆性损伤断裂准则。Lemaitre认为,细观尺度的断裂就是裂纹萌生,它占据了代表体积单元(RVE)的全部表面,即损伤变量 $D=1$,在大多数情况下它是由不稳定过程在剩余抵抗截面上突然引起原子分离产生的,它对应于损伤的临界值 D_c,D_c 取决于材料和载荷条件。

Lemaitre从等效应力的概念出发认为,当等效应力 σ_e 达到极限应力 σ_u 时,损伤达到临界值,材料发生断裂,从而得到一维损伤断裂准则的表达式为

$$\sigma_e = \frac{\sigma}{1 - D_c} = \sigma_u \tag{2-24}$$

通常情况下 $D_c = 0.2 \sim 0.5$,对于纯脆性损伤:$D_c \approx 0$,$\sigma_e = \sigma = \sigma_u$。

从能量角度出发,损伤断裂发生的条件是当损伤能量释放率 Y 达到其临界值时,即

$$Y = Y_c \tag{2-25}$$

式中:Y_c 为临界损伤能量释放率。

在三维情况下,Lemaitre 得到

$$Y = \frac{\sigma_d}{2E(1 - D)}, Y_c = \frac{\sigma_u}{2E(1 - D_c)} \tag{2-26}$$

其中

$$\sigma_d = \sigma_{eq} R_V^{1/2} \tag{2-27}$$

$$R_V = \frac{3}{2}(1 + \nu) + 3(1 - 2\nu)\left(\frac{\sigma_h}{\sigma_{eq}}\right)^2 \tag{2-28}$$

式中:σ_d 为损伤等价应力;R_V 为三轴比的影响系数;$\sigma_{eq} = \left(\frac{3}{2}S_{ij}:S_{ij}\right)^{1/2}$,为 Misses 等价应力,$S_{ij}$ 为偏应力张量;$\sigma_h = \sigma_{ii}/3$,为静水压力。

在爆炸应力波作用下,岩石往往表现为强脆性。因此,此时的岩石损伤断裂准则可以采用纯脆性损伤断裂准则。对于脆性材料,由损伤为零的假设,可得到损伤断裂准则为

$$\sigma_d = \sigma_{eq} R_V^{1/2} = \sigma_u \tag{2-29}$$

式中:σ_u 为材料的特征,是一维拉伸试验条件下的断裂应力。

式(2-24)表明脆性损伤断裂是与不稳定性同时发生的。如果不考虑岩石的损伤,该准则退化为经典的强度准则。

(3)爆生气体驱动下的裂纹扩展区。爆生气体驱动作用下的径向裂纹扩展是一个经

典的断裂力学问题,可以采用断裂力学中的应力强度因子作为裂纹扩展准则。若岩石的断裂韧性为 K_{IC},则裂纹扩展的条件为: $K_I = K_{IC}$。

(4)爆生气体压力场作用下的微裂纹扩展区。由于爆生气体的压力场是一个准静态作用过程,在静态应力作用下,岩石的脆性减弱,此时岩石表现为准脆性。从岩石细观损伤力学出发,裂纹的扩展是由局部塑性变形造成的,因此爆生气体压力场作用下的损伤断裂准则可采用准脆性材料的微裂纹扩展条件:

$$\sigma = \sigma_c = \sqrt{\frac{\pi}{4a}} K_{IC} \tag{2-30}$$

式中: σ 为岩石中的应力; σ_c 为微裂纹发生扩展的临界应力; a 为微裂纹的初始半径; K_{IC} 为应力强度因子。

当 $\sigma < \sigma_c$ 时,材料处于线弹性无损阶段;当 $\sigma \geq \sigma_c$ 时,初始半径为 a 的微裂纹开始发生扩展,材料进入非线性损伤阶段,此时垂直于拉伸方向的微裂纹将首先穿越晶界,在基质材料中失稳扩展,引起材料内部损伤和变形的局部化。

2.3　爆炸冲击波作用下的岩体破坏作用

当炸药在岩石中爆炸时,爆炸产生的高温高压气体冲击孔壁,同时在炮孔周围岩石中激起径向传播的冲击波。在其冲击压缩作用下,孔壁周围的岩石被破碎,甚至会成为流体状态,同时孔壁岩石质点发生径向外移,爆腔扩大。由于冲击波在传播过程中衰减很快,作用范围不大,但对岩石的破坏程度却非常强烈,消耗的爆炸能比例也相当高。因此,研究爆炸冲击波对岩石的破碎作用具有重要意义,它是进行爆炸能量分析和研究爆破中远区损伤和破坏作用的基础。分析岩石从开始破坏到破碎的过程,比如爆破近区的冲击波破碎区,仍需要采用流体动力学和断裂力学等方法来解决。

工程爆破中经常采用的是柱状装药。因此,下面就针对柱状装药来讨论冲击波的动态破岩特征,并有如下假设:①柱状装药处于无限岩体介质内;②柱状装药为轴对称起爆的耦合填塞装药;③炸药的冲击阻抗小于岩石的冲击阻抗,在中硬岩中或采用工业炸药时往往如此。

2.3.1　孔壁岩石中的初始冲击参数

在以上假设前提下,炸药爆炸瞬间在岩石内形成冲击波,同时反射回爆炸产物中的也是冲击波。根据爆轰波的基本关系式,对于爆炸产物有

$$u_x = \frac{D_H}{k+1}\left[1 - \frac{\left(\dfrac{p_x}{p_H} - 1\right)\sqrt{2k}}{\sqrt{\dfrac{(k+1)p_x}{p_H} + (k-1)}}\right] \tag{2-31}$$

式中: p_x 为孔壁初始冲击波压力; p_H 为爆轰压力; D_H 为爆轰速度; k 为爆炸产物的等熵指数, $k = 3$。

对于岩体内的冲击波,由质量守恒和动量守恒可得

$$u_x = \sqrt{p_x\left(\frac{1}{\rho_0} - \frac{1}{\rho_x}\right)} \qquad (2\text{-}32)$$

$$p_x = \rho_0 D_x u_x \qquad (2\text{-}33)$$

式中:ρ_0 和 ρ_x 分别为岩石的初始密度和冲击波阵面上的密度。

岩石在冲击波作用下的高压状态方程为

$$D_x = a + bu_x \qquad (2\text{-}34)$$

式中:a、b 为由试验确定的与岩石性质有关的常数。

由式(2-31)~式(2-34)可求解岩石中的初始冲击波参数。

2.3.2　破碎区半径

在冲击波的传播过程中,岩石中冲击波阵面后的连续方程为

$$\frac{\partial \rho}{\partial t} + \frac{\partial(\rho u)}{\partial r} + \frac{u}{r} = 0 \qquad (2\text{-}35)$$

式中:r 为冲击波的径向传播距离。

冲击波在传播过程中,其波阵面后岩石介质密度变化很小,因此可将冲击波阵面后的岩石按等密度考虑,即 ρ 为常数。因此,由式(2-35)可得

$$ur = u_0 r_0 \qquad (2\text{-}36)$$

式中:r_0 为炮孔半径;$u_0 = u_x$ 为孔壁岩石的初始运动速度。

动量守恒方程为

$$\sigma_r = \rho_0 u D_x \qquad (2\text{-}37)$$

式中:σ_r 为波阵面的压力;D_x 为冲击波速度。

由式(2-36)、式(2-37)和岩石的状态方程 $D_x = a + bu_x$ 可得

$$\sigma_r = \rho_0\left(\frac{ar_0 u_0}{r} + \frac{br_0^2 u_0^2}{r^2}\right) \qquad (2\text{-}38)$$

确定破碎区的半径 r_s 的方法有两种:

(1)岩石发生压缩破坏为临界条件,即由冲击波头的压力 σ_r 等于岩石的动态抗压强度 σ_s 来确定,由式(2-38)得

$$r_s = \frac{u_0 r_0\left(a\rho_0 + \sqrt{a^2\rho_0^2 + 4b\rho_0\sigma_s}\right)}{2\sigma_s} \qquad (2\text{-}39)$$

(2)由冲击波的传播速度 D_x 衰减为纵波速度 C_P 来确定,此时由式(2-39)及高压状态方程得到

$$r_s = \frac{bu_0 r_0}{C_P - a} \qquad (2\text{-}40)$$

上述两种方法中,式(2-39)需要确定岩石的动态强度,而这目前仍很难得到其试验值。式(2-40)中的参数相对容易确定,如果这两种方法等价的话,那么则可由式(2-39)和式(2-40)来计算岩石的动态抗压强度。需要指出的是,以上的计算没有考虑炮孔的半径

随时间的变化,对于硬岩可以这样近似,对于软岩等则必须以瞬时半径代替 r_0。

2.4　爆炸应力波作用下的岩体损伤模型

岩石爆破损伤断裂过程就是在爆炸载荷作用下的微裂纹扩展过程,即损伤演化过程。现有的岩石爆破损伤模型主要针对在爆炸应力波作用下的损伤过程做了大量的工作,而对在爆生气体作用下的损伤断裂过程及其机制尚未进行研究。由于爆炸加载包含有动态载荷和静态载荷两种形式,其损伤断裂机制不同,因此对应岩石爆破损伤断裂的两个阶段应有不同的损伤断裂机制。

2.4.1　基本假设

(1)岩石内的损伤是由爆炸应力波和爆生气体共同作用下的微裂纹扩展所致,爆炸应力波作用下的损伤是脆性损伤,而爆生气体作用下为准脆性损伤。

(2)爆生气体压力场作用下没有新的微裂纹被激活和产生。

(3)爆炸应力波使微裂纹发生了稳态扩展而止裂,爆生气体的二次扩展是在已经发生了扩展的微裂纹尖端的损伤局部化的结果。

2.4.2　基于 Taylor 法的岩石爆破损伤模型

岩石等脆性材料的细观损伤机制主要是微裂纹的成核、扩展和连接作用及微裂纹损伤对材料力学性能的影响,如何计算微裂纹损伤材料的有效弹性模量是脆性材料细观损伤理论的基础。Taylor 法完全忽略微裂纹之间的相互作用,即认为每个微裂纹处于没有损伤的弹性基体中,微裂纹受到的载荷等于远场应力,这种方法简单、适用范围广,且克服了以往爆破损伤模型中采用自洽法计算有效模量时,只适用于低裂纹密度情况下的缺陷。

根据 Grady 和 Kippe 的研究,裂纹密度就是裂纹影响区岩石体积与岩石总体积之比,激活的裂纹数服从体积拉伸应变的双参数 Weibull 分布,其具体分布形式见式(2-1)和式(2-2)。

损伤变量 D 由介质的体积模量 K 定义:

$$D = 1 - \frac{\overline{K}}{K} \tag{2-41}$$

根据不考虑微裂纹之间的相互作用的 Taylor 法,得到的有效体积模量 $\overline{K}$ 为

$$\frac{\overline{K}}{K} = \left(1 + \frac{16}{9} \frac{1 - \nu^2}{1 - 2\nu} C_{\mathrm{d}} \right)^{-1} \tag{2-42}$$

则损伤变量 D 为

$$D = 1 - \left(1 + \frac{16}{9} \frac{1 - \nu^2}{1 - 2\nu} C_{\mathrm{d}} \right)^{-1} = 1 - \frac{1}{1 + AC_{\mathrm{d}}} \tag{2-43}$$

式中:$A = \dfrac{16(1 - \nu^2)}{9(1 - 2\nu)}$,为一常数。

将式(2-1)和式(2-2)代入式(2-43),并取 $\beta = 1$,得

$$D = 1 - \frac{1}{1 + ANa^3} = 1 - \frac{1}{1 + Ak\varepsilon^m a^3} \qquad (2\text{-}44)$$

式(2-44)为在 Taylor 模型下得到的损伤变量表达式,将损伤变量和裂纹数 N 及微裂纹半径 a 联系起来,则更适应高裂纹密度的情况。

将式(2-44)的损伤变量耦合到线弹性应力—应变关系中有

$$\left.\begin{array}{l} P = 3K(1 - D)\varepsilon \\ S_{ij} = 2G(1 - D)e_{ij} \end{array}\right\} \qquad (2\text{-}45)$$

式中:P 为体应力;ε 为体应变;S_{ij} 为偏应力;e_{ij} 为应变偏量;G 为剪切模量。

式(2-1)~式(2-3)、式(2-44)、式(2-45)的形式是一个常微分方程组,它们描述了岩石对拉伸加载的响应。压缩部分的响应可由经典的弹塑性模型来描述。

2.5　爆生气体作用下的岩石裂缝扩展

2.5.1　爆生气体作用下岩石内的应力场

基本假设:

(1)岩石为各向同性的脆弹性体,且是无孔隙和不渗透的密实体。

(2)爆生气体的作用为静态过程,岩石的惯性可以忽略。

(3)仅考虑岩石爆破的内部作用,可认为是轴对称断裂过程。

(4)裂纹传播是稳定的,且沿孔周围均匀分布的裂纹数为 6~8 条。

在一定的孔壁压力和沿裂纹面分布的压力作用下,具有长度为 a 的初始裂纹间的夹角为 2α,则裂纹数 $N = \pi/\alpha$。以孔中心为极坐标原点,岩石中沿裂纹面的压力分布为 $p(r)$,孔半径为 r_0,孔壁压力为 p_0。岩体中的原岩应力为 $\sigma_\square$,则该问题可由线弹性断裂力学求解,其解由两个部分组成,即在远场应力 $\sigma_\square$ 的作用下和裂纹面上的压力 $p(r)$ 作用下的叠加。

Paine 和 Please 给出的解如下:

从孔壁到裂纹尖端附近为

$$\left.\begin{array}{l} \sigma_\theta = -p(r) \\[2mm] \sigma_r = -\dfrac{1}{r}\left(r_0 p_0 + \displaystyle\int_{r_0}^a p(r)\,\mathrm{d}r\right) - \sigma_\infty\left(1 - \dfrac{a}{r}\right) \\[4mm] h = \dfrac{2\alpha}{E}\left[r_0 p_0 + rp(r) + \displaystyle\int_{r_0}^a p(r)\,\mathrm{d}r + \int_r^a \dfrac{1}{r}\left(r_0 p_0 + \int_{r_0}^r p(r)\,\mathrm{d}r\right)\mathrm{d}r\right] - 2a\sigma_\infty \\[4mm] u_r = \dfrac{1+\nu}{E}\left(r_0 p_0 + \displaystyle\int_{r_0}^a p(r)\,\mathrm{d}r\right) + \dfrac{1}{E}\int_a^r\left[\nu p(r) - \dfrac{1}{r}\left(r_0 p_0 + \int_{r_0}^r p(r)\,\mathrm{d}r\right)\right]\mathrm{d}r - \dfrac{2a\sigma_\infty}{E} \end{array}\right\}$$

$$(2\text{-}46)$$

从裂纹尖端附近到远场为

$$
\left.\begin{aligned}
\sigma_\theta &= \frac{a}{r^2}\left(r_0 p_0 + \int_{r_0}^{a} p(r)\,\mathrm{d}r\right) - \sigma_\infty\left(1 + \frac{a^2}{r^2}\right) \\
\sigma_r &= -\frac{a}{r^2}\left(r_0 p_0 + \int_{r_0}^{a} p(r)\,\mathrm{d}r\right) - \sigma_\infty\left(1 - \frac{a^2}{r^2}\right) \\
u_r &= \frac{(1+\nu)a}{Er}\left(r_0 p_0 + \int_{r_0}^{a} p(r)\,\mathrm{d}r\right) \\
u_\theta &= 0
\end{aligned}\right\}
\tag{2-47}
$$

以上式中：σ_r、σ_θ 分别为径向应力和切向应力；u_r、u_θ 分别为径向位移和切向位移；h 为裂纹的宽度；E 为弹性模量；ν 为泊松比。

孔壁压力 p_0 和沿裂纹面的压力分布 $p(r)$ 可由爆生气体的状态方程得到

$$
p = A\rho^\gamma
\tag{2-48}
$$

式中：γ 为绝热指数，当 $p \geqslant p_k$ 时取 $\gamma = 3$，当 $p < p_k$ 时取 $\gamma = 1.4$，p_k 为炸药的临界压力，可取 200 MPa。

2.5.2　爆生气体驱动压力作用下的裂纹扩展

对爆生气体驱动作用下的裂纹扩展问题研究，以往的工作主要是采用线弹性断裂力学和流体力学对爆生气体在裂隙内的流动规律、裂隙尖端近场及远场应力、裂隙的扩展速度及形状尺寸、裂隙传播速度及起裂准则进行了理论研究和数值计算，建立了在气体驱动下裂隙传播的基本理论，部分学者开始考虑了岩石损伤的影响，但还未能形成系统的理论，因此以下采用考虑损伤的断裂力学方法对该问题进行研究。

2.5.2.1　裂纹稳态扩展条件

对于脆性岩石等材料，可以采用弹性突然损伤模型，发生损伤断裂的条件可表示为

$$
f(I_1, J_2) = 0
\tag{2-49}
$$

式中：$I_1 = \sigma_{ii}$、$J_2 = \sigma_x\sigma_y + \sigma_y\sigma_z + \sigma_z\sigma_x - \tau_{xy}^2 - \tau_{yz}^2 - \tau_{zx}^2$ 分别为应力张量的两个不变量，i、$j = 1,2,3$。

对于无限大岩体中的爆破问题，可作为二维轴对称平面应变问题来处理，由问题的对称性，平面楔形裂纹的动态扩展模型如图 2-3 所示。假设爆生气体在每条裂纹中的流动规律一样，那么可只考虑裂纹间的平均效应，又由于岩石的断裂属于 I 型加载问题，因此由裂纹的稳态扩展条件式(2-49)可简化为

$$
\sigma_\theta = \sigma_u
\tag{2-50}
$$

式中：σ_θ 为切向应力；σ_u 为岩石的破坏正应力，可取岩石的单轴动抗拉强度。

一旦式(2-50)满足，裂纹将发生扩展。

2.5.2.2　爆生气体驱动下的宏观裂纹扩展

假设爆生气体在每条裂纹中的流动规律一样，那么可只考虑裂纹间的平均效应；并假设裂纹内紊流密度的变化、流体的紊流强度和 Mach 数都较小；且假设气体为绝热膨胀过程。由问题的对称性，平面楔形裂纹的动态扩展模型如图 2-3 所示，在该模型裂纹中的一

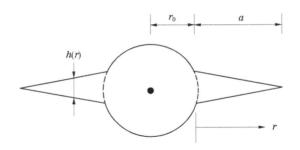

图 2-3　平面楔形裂纹的动态扩展模型

维流动控制方程为

$$\left.\begin{array}{l}\dfrac{\partial(\rho h)}{\partial t} + \dfrac{\partial(\rho v h)}{\partial r} = 0 \\[2mm] \dfrac{\partial p}{\partial r} + \rho v^2 \psi = 0\end{array}\right\} \tag{2-51}$$

式中：p、v、ρ 分别为爆生气体的压力、运动速度和密度；ψ 为摩擦系数，取决于雷诺数 $Re = \rho v h/\mu$ 和裂纹面的相对粗糙度 ε/h，即

$$\psi = \frac{12}{Re} + 0.1\sqrt{\frac{\varepsilon}{h}} \tag{2-52}$$

气体的状态方程

$$p = A\rho^\gamma \tag{2-53}$$

假设爆生气体完全充满楔形裂纹，且裂纹尖端的非弹性区与裂纹长度相比很小，则由线弹性断裂力学理论可以得到图 2-3 中两条对称分布的裂纹张开位移为

$$h(r) = \frac{4(1-\nu)}{\pi G}\int_r^a\int_0^\xi \frac{p(\zeta)-\sigma_\infty}{\sqrt{\xi^2-\zeta^2}}\mathrm{d}\zeta\,\frac{\xi}{\sqrt{\xi^2-r^2}}\mathrm{d}\xi \tag{2-54}$$

对于裂纹数 $N > 2$ 的情况，裂纹张开位移要乘以一个小于 1 的系数 f，其定义为

$$\left.\begin{array}{l}f = f_\infty\,\dfrac{1+\dfrac{Na}{\pi r_0}}{f_\infty+\dfrac{Na}{\pi r_0}} \\[4mm] f_\infty = \left(1+\dfrac{\pi}{4}\right)\dfrac{\sqrt{N-1}}{N}\end{array}\right\} \tag{2-55}$$

由线弹性断裂力学，在内压和远场压应力作用下，图 2-3 所示的模型中裂纹尖端的应力强度因子为

$$K_\mathrm{I} = 2f\sqrt{\frac{a}{\pi}}\int_0^a \frac{p(r)-\sigma_\infty}{\sqrt{a^2-r^2}}\mathrm{d}r \tag{2-56}$$

若岩石的断裂韧性为 K_IC，则裂纹的稳态扩展条件为

$$K_{\mathrm{I}} = K_{\mathrm{IC}} \tag{2-57}$$

止裂条件为

$$K_{\mathrm{I}} < K_{\mathrm{IC}}, \frac{\partial K}{\partial t} \leqslant 0 \tag{2-58}$$

式(2-51)~式(2-56)构成了计算裂纹扩展的几何尺寸、扩展速度和气体压力的封闭方程组。

2.5.2.3　爆生气体驱动下爆破近区裂纹尖端的损伤局部化

从岩石的细观损伤断裂机制出发,岩石在爆生气体的静态压力场作用下,岩石的本构关系并不完全符合线弹性关系,在线弹性阶段后,还会存在有非线性强化、应力跌落和应变软化阶段。由于损伤局部化主要考虑裂纹尖端小范围内的损伤断裂行为,此时岩石的应力跌落和应变软化起着关键作用,为简单起见,此时可采用冯西桥和余寿文的有剩余强度的弹脆性损伤模型来研究岩石在爆生气体压力作用下的裂纹尖端的损伤局部化问题。

由于假设裂纹均匀分布,只需取其中一条裂纹来分析该轴对称平面应变问题,如图 2-4 所示,假设在裂纹尖端发生应力跌落的零宽度损伤局部化带长度为 l,且 $l \ll a$,即认为损伤的范围很小,不影响远场的应力分布。假设炮孔作为裂纹的一部分,那么该问题可以采用无限大板的中心裂纹尖端损伤局部化的解,只是除远场应力 σ_{∞} 作用外,在裂纹表面作用有内压 $p(r)$。可以采用考虑损伤的 Dugdule 模型来计算裂纹尖端的损伤局部化带长度。

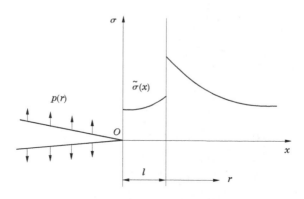

图 2-4　裂纹尖端损伤局部化

在内压 $p(r)(0 \leqslant r \leqslant a)$ 的作用下,由线弹性断裂力学得到的应力强度因子为

$$K_1 = 2\sqrt{\frac{c}{\pi}} \int_0^a \frac{p(r)}{\sqrt{a^2 - r^2}} \mathrm{d}r \tag{2-59}$$

在远场原岩压应力作用下的应力强度因子为

$$K_2 = -\sigma_{\infty} \sqrt{\pi c} \tag{2-60}$$

损伤局部化带上的压应力 $\widetilde{\sigma}(x)(a \leqslant x \leqslant c)$ 作用下的应力强度因子为

$$K_3 = \int_a^c -2\sqrt{\frac{c}{\pi}} \frac{\widetilde{\sigma}(\xi)}{\sqrt{c^2 - \xi^2}} \mathrm{d}\xi \tag{2-61}$$

由裂纹尖端应力有限的条件,有 $K_1 + K_2 + K_3 = 0$。由式(2-59)~式(2-61)可得

$$\int_0^a \frac{p(r)}{\sqrt{c^2 - r^2}}dr - \int_a^c \frac{\widetilde{\sigma}(\xi)}{\sqrt{c^2 - \xi^2}}d\xi = \frac{1}{2}\pi\sigma_\infty \tag{2-62}$$

其中

$$c = l + a$$

若已知裂纹内的压力分布及损伤局部化带内应力分布函数,则可由式(2-62)计算出损伤局部化带长度 l。

假设裂纹内压力分布为常压力 p'_0,并假设损伤局部化带内的应力分布为阶跃函数形式,即 $\widetilde{\sigma}(x) = \sigma_c \exp(-D_0) = \sigma_0$,代入式(2-62)并积分得损伤局部化带长度为

$$l = c\left[1 - \sin\frac{\pi(\sigma_0 + \sigma)}{2(\sigma_0 + p'_0)}\right] \tag{2-63}$$

如果裂纹的稳态扩展条件满足,则裂纹尖端附近的损伤区将发生稳态扩展。

2.5.3　爆生气体压力场作用下爆破中区的裂缝扩展

2.5.3.1　爆破中区的微裂纹扩展条件

对于在爆炸应力波作用下的爆破中区裂纹,不能再采用气体驱动模型来解释裂纹的扩展问题,但岩石在爆生气体膨胀压力作用下将产生一个准静态应力场,爆破中区微裂纹在此应力场作用下将可能产生二次扩展,从而使岩石进一步产生损伤演化。由于爆生气体的压力场是一个准静态作用过程,此时岩石表现为准脆性,裂纹的扩展是由局部塑性变形造成的。因此,爆生气体压力场作用下的损伤断裂准则可采用准脆性材料的微裂纹扩展条件:

$$\sigma = \sigma_c = \sqrt{\frac{\pi}{4a_0}}K_{IC} \tag{2-64}$$

式中: σ 为岩石中的应力; σ_c 为微裂纹发生扩展的临界应力; K_{IC} 为断裂韧性; a_0 为微裂纹的初始半径,可取在爆炸应力波作用下的微裂纹平均半径,按式(2-3)计算。

爆破中区在爆炸应力波作用下产生了大量随机分布的微裂纹,这些微裂纹在爆生气体的压力作用下要产生二次扩展,从准脆性岩石的细观损伤断裂分析来看,微裂纹发生二次扩展的条件要满足式(2-64)。从爆生气体作用下的应力场分析来看,同时考虑爆生气体作用在孔壁及孔壁附近裂纹内的内压和岩石内的远场原岩压应力情况下,式(2-47)已经给出爆破中远区的应力场,分析该式可知,在一定范围内,岩石内的切向应力为拉应力,径向应力为压应力,随着距离的增加,切向拉应力减小,并逐渐变为压应力,当 $r \gg a$ 时,切向压力和径向压力都等于远场压应力。由于微裂纹的扩展是在拉应力的作用下发生的,而在压应力作用下不考虑其扩展问题,因此在爆破中区的微裂纹扩展只在一定的范围内发生,该范围的尺寸取决于爆生气体的压力、原岩应力、岩石性质及裂纹的尺寸等。

2.5.3.2　爆生气体压力场作用下的裂纹尖端损伤局部化

垂直于切向拉应力方向的微裂纹首先扩展,则爆生气体压力场作用下的微裂纹二次扩展问题可简化为具有单个微裂纹在受到远场拉应力作用下的损伤局部化问题来研究。

有如下假设爆炸应力波作用后微裂纹发生了扩展并具有统计平均半径 a_0，爆生气体产生的最大拉应力为切向应力 σ_θ，可由式（2-47）确定，当满足微裂纹二次扩展条件式（2-64），则微裂纹发生二次失稳扩展，引起岩石内部的损伤和变形局部化。

裂纹尖端损伤局部化的计算模型如图 2-5 所示。对于无限大板中的中心裂纹，有如下假设：①在裂纹尖端发生应力跌落的零宽度的损伤局部化带的长度为 l，它与远场的应力强度因子有关，且 $l \ll a$，认为损伤的范围很小，不影响远场的应力分布。②在损伤局部化带内的应力分布为：$\sigma = \tilde{\sigma}(x)\,(a_0 \leq x \leq c)$。类似于爆破近区裂纹扩展的分析，采用线弹性断裂力学理论，由考虑损伤后，在裂尖 $r = x - c = 0$ 附近应力有限的条件，可得损伤局部化带的尺寸满足：

$$\int_{a_0}^{c} \frac{2\tilde{\sigma}(\xi)}{\pi\sigma_\theta\sqrt{c^2 - \xi^2}}\mathrm{d}\xi = 1 \tag{2-65}$$

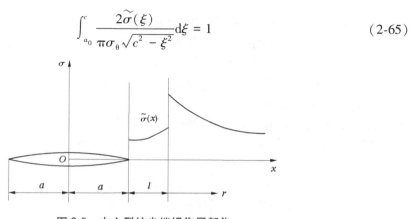

图 2-5　中心裂纹尖端损伤局部化

如果损伤局部化带内的应力分布 $\tilde{\sigma}(x)$ 已知，则可由式（2-65）计算出损伤带的尺寸，但 $\tilde{\sigma}(x)$ 的具体形式一般无法直接确定，只能通过简化来计算损伤带的近似尺寸。

2.5.3.3　常气体压力下爆破中区裂纹的扩展

如果忽略爆生气体在孔壁裂纹内的衰减对中远区切向应力的影响，假设爆生气体在炮孔及附近裂纹内的压力为常数，并有 $p(r) = p_0$，则由式（2-47）可以得到距孔中心为 r 处的切向应力为

$$\sigma_\theta = \frac{a^2}{r^2}p_0 - \sigma_\infty\left(1 + \frac{a^2}{r^2}\right) \tag{2-66}$$

将式（2-66）代入微裂纹扩展的条件式（2-64），可求得微裂纹能够发生二次扩展的区域为

$$r_2 = \sqrt{\frac{p_0 - \sigma_\infty}{\sigma_c + \sigma_\infty}}\,a \tag{2-67}$$

式中：p_0 为孔壁的压力；σ_c 为岩石在拉伸条件下微裂纹发生二次扩展的临界应力。

在该区域内，微裂纹将在爆生气体压力场作用下发生二次失稳扩展，同时产生损伤局部化带，如果仍采用 $\tilde{\sigma}(x) = \sigma_c\exp(-D_0) = \sigma_0$，则微裂纹尖端的损伤局部化带长度由

式(2-65)求得

$$l = c\left(1 - \cos\frac{\pi\sigma_\theta}{2\sigma_0}\right) \tag{2-68}$$

因此,爆生气体产生的损伤断裂区的范围可由式(2-67)确定,在该范围以外,岩石将不会再产生损伤,而只发生弹性卸载。

2.6　岩体内的爆破损伤场

2.6.1　岩体内的爆破损伤过程

岩石在爆炸载荷作用下的裂纹扩展包含爆炸应力波的动态扩展和爆生气体的准静态扩展两个阶段。从岩石的细观损伤断裂机制来看,岩石内的微裂纹经历了稳态扩展—弹性卸载—二次失稳扩展止裂的一个反复加载过程,岩石内部的裂纹扩展过程应该是这样一个加载过程的集合。设岩石内的初始微裂纹在未加载之前都具有相同的统计平均半径 a_0,在爆炸应力波的作用下,一旦在 $r_0 < r < r_1$ 范围内的微裂纹满足了扩展准则,它将迅速发生扩展,直到被具有更高强度的能障(如晶界等)所束缚而停止扩展。

根据岩石爆破损伤断裂机制,爆炸应力波作用下的微裂纹扩展范围 r_1 由体积应变为拉应变的条件确定。当微裂纹在爆炸应力波作用下扩展至 a_u 并停止扩展后,爆生气体将在滞后一定时间再次对微裂纹加载,在扩展范围内,微裂纹发生损伤局部化,爆生气体作用后的裂纹长度由 a 增加至 c;微裂纹的扩展影响区 r_2 可由式(2-67)确定。

根据以上的分析,可以确定岩石在爆炸载荷作用下的损伤场为:

(1)在爆破近区,在爆炸冲击波作用下岩石内部产生宏观裂纹,裂纹在爆生气体的流体压力驱动下进一步扩展,裂纹扩展的边界即为宏观裂纹的结束,止裂条件由式(2-58)给出。在宏观裂纹区,岩石被认为已完全损伤,损伤值 $D = 1$。

(2)在爆破中区,岩石在爆炸应力波作用下,微裂纹被激活和扩展,从而使岩石产生损伤,损伤场由式(2-44)给出,微裂纹在爆炸应力波作用下的扩展半径可用式(2-3)确定,它是爆生气体作用下裂纹扩展的初始值。

(3)爆破中区在爆生气体作用下的损伤场,可根据以下步骤来确定:

①由式(2-64)的扩展条件可确定在爆生气体作用下具有统计半径为 a 的微裂纹扩展区域,该区域决定了爆破中区微裂纹发生二次扩展的范围。

②在扩展范围内,微裂纹发生损伤局部化,爆生气体作用后的裂纹长度由 a 增加至 c。

③将 c 代替 a 代入式(2-44)的损伤变量的定义式,可确定岩石在爆炸载荷作用下的损伤场;爆破中区的损伤值为 $0 \leq D \leq 1$。

以上计算构成了岩石在爆炸应力波和爆生气体作用下损伤演化的全过程理论。

(4)在爆破远区,岩石只发生弹性振动,岩体在爆破地震波的作用下产生弹性变形和振动,其研究方法一般采用弹性动力学方法。但是,如何将爆破近区的破碎、中区的破坏和损伤与爆破远区的振动联系起来,是目前爆破理论研究和危害控制方面需要解决的问题。

以上的理论分析是在无限大岩体内部的爆炸条件下进行的,对于在半无限大岩体中和在多自由面条件下的裂纹扩展问题,由于边界条件确定的困难性,将会更加困难和复杂,有待进一步研究。

2.6.2 岩石在爆炸荷载作用下的损伤场

从以上的分析可知,岩石的爆破损伤包括两个阶段,即爆炸应力波的初始动态损伤阶段和爆生气体的准静态损伤阶段。从岩石的细观损伤断裂机制来看,岩石内的微裂纹经历了稳态扩展—弹性卸载—二次失稳扩展止裂的一个反复加载过程,岩石爆破损伤的全过程应该是这样一个加载过程的集合。

2.6.2.1 复杂加载条件下的微裂纹损伤演化

爆炸应力波和爆生气体对岩石的作用是在同一位置和同一方向上的不同时间段内的加载过程,且最大拉应力和最大压应力都发生在环向和径向,如果假设岩石经历的加载过程是比例加载过程,则微裂纹在受到爆炸应力波的扩展后,在爆生气体的作用下将在原来的平面内发生自相似扩展。那么可以采用小范围损伤区扩展模型和冯西桥的微裂纹扩展区模型来定性描述岩石爆破全过程的损伤演化。

从研究单个裂纹行为的细观损伤理论出发,在爆炸应力波的作用下,脆性岩石的微裂纹扩展可采用突然损伤模型来分析,考虑损伤局部化的裂纹尖端附近及尾区的损伤区构形,裂纹尖端场由于损伤程度的不同而形成一个三层嵌套结构,从外到里依次是无损区、连续损伤区和损伤局部化带。在外加应力 σ_{ij} 作用下,极坐标下损伤区的前缘形状表示为

$$\Omega(\sigma_{ij}^1) = \Omega\left(-\frac{\pi}{2} < \theta < \frac{\pi}{2}, r_0 < r < r_1\right) \tag{2-69}$$

设岩石内的初始微裂纹在未加载之前都具有相同的统计平均半径 a_0,在爆炸应力波的作用下,一旦在 $r_0 < r < r_1$ 范围内的微裂纹满足了扩展准则,它将迅速发生扩展,直到被具有更高强度的能障(如晶界等)所束缚而停止扩展,设所有发生扩展的微裂纹的统计平均半径为 a_u,它与岩石的晶粒大小等细观结构有关。根据岩石爆破损伤模型,爆炸应力波作用下的微裂纹扩展范围 r_1 由体积应变为拉应变的条件确定。

在 Taylor 模型的假设下,忽略微裂纹之间的相互作用,微裂纹的扩展准则不受加载历史的影响。当微裂纹在爆炸应力波作用下扩展至 a_u 并停止扩展后,爆生气体将在滞后一定时间再次对微裂纹加载,有两种可能使岩石发生二次扩展:一是由于岩石在静载条件下的强度小于动态强度,若爆生气体在环向产生的拉应力超过岩石产生二次扩展所需的临界应力,微裂纹将发生二次扩展;二是爆炸应力波在微裂纹尖端产生了局部损伤带,爆生气体的压力场再次作用使裂纹发生扩展。微裂纹的扩展影响区 r_2 可由式(2-67)确定。

$$\Omega(\sigma_{ij}^2) = \Omega\left(-\frac{\pi}{2} < \theta < \frac{\pi}{2}, r_0 < r < r_2\right) \tag{2-70}$$

根据微裂纹扩展区模型概念,岩石在爆炸应力波和爆生气体两次加载条件下的微裂纹扩展区,可取二次加载的并集。因此,岩石爆破损伤的全过程扩展区为

$$\Omega(\sigma_{ij}) = \Omega(\sigma_{ij}^1) \cup \Omega(\sigma_{ij}^2) \tag{2-71}$$

2.6.2.2　小损伤条件下的解耦方法

在爆炸载荷作用下,岩石内激活的微裂纹对岩石产生了损伤,根据 GK 模型、TDK 模型和 KUS 模型的数值模拟计算以及与爆破漏斗试验结果的比较,得到了岩石爆破破碎边界的损伤值分布为 0.2 和 0.22 等,破坏时的临界损伤值都很小,如果不考虑自由面的影响,在岩石内部的损伤值还会更小。因此,可以认为在爆炸应力波作用下,岩石内的损伤场属于小损伤,即 $D \ll 1$。

在小损伤条件下,余寿文引入有效应力的概念,利用渐进展开的方法,证明了在小损伤条件下应变场和有效应力场不受损伤的影响,并认为作为零阶近似解,用解耦的方法求解在小损伤条件下的微裂纹尖端场是合理的。

根据应变等效假设,有效应力定义为

$$\widetilde{\sigma}_{ij} = \frac{\sigma_{ij}}{1 - D} \tag{2-72}$$

利用有效应力 $\widetilde{\sigma}_{ij}$ 的概念以及小损伤 $D \ll 1$ 的假设,可以得到有损伤和无损伤条件下的应力与应变的对应关系零阶近似为

$$\varepsilon_{ij} = \varepsilon_{ij}^0, \quad \widetilde{\sigma}_{ij} = \sigma_{ij}^0 \tag{2-73}$$

式中:上标"0"表示无损材料的场。

式(2-73)表明在小损伤假设下,考虑损伤的应变场和有效应力场与不考虑损伤的应变场和有效应力场是相同的。

因此,应力场可由式(2-72)得到

$$\sigma_{ij} = (1 - D)\widetilde{\sigma}_{ij} \approx (1 - D)\sigma_{ij}^0 \tag{2-74}$$

采用以上的解耦方法,应力、应变和损伤场的全耦合计算过程可以简化为以下三个解耦的迭代步骤。

(1)利用关系式(2-73),由无损材料的应变场与应力场得到损伤材料应变场和有效应力场。

(2)由损伤演化方程计算损伤场。

(3)包含损伤的应力场由式(2-74)确定。

采用该方法后,最大的优点是可以利用现有的数值模拟计算软件来计算包含损伤的应力场,而不需要对原程序做大的修改,如在原本构关系中耦合损伤变量等,只需在原程序后加入损伤演化方程和后处理即可。

2.6.2.3　爆炸载荷下岩石内的损伤场

基本假设:

(1)岩石内的损伤是由爆炸应力波和爆生气体共同作用下的微裂纹扩展所致,爆炸应力波作用下的损伤是脆性损伤,而爆生气体作用下的损伤为准脆性损伤。

(2)爆生气体压力场作用下没有新的微裂纹被激活和产生。

(3)爆炸应力波使微裂纹发生了稳态扩展而止裂,爆生气体的二次扩展是在已经发生了扩展的微裂纹尖端的损伤局部化的结果。

（4）采用 Taylor 法定义有效体积模量，忽略微裂纹间的相互作用，则对于单个微裂纹在不同加载历史下的扩展问题，可以采用上节的方法来处理。

（5）岩石在爆炸应力波和爆生气体作用下的损伤变量的定义相同。

根据以上的分析，可以确定岩石在爆炸载荷作用下的损伤场为：

在爆破近区，在爆炸冲击波作用下岩石内部产生宏观裂纹，裂纹在爆生气体的流体压力驱动下进一步扩展，裂纹扩展的边界即为宏观裂纹的结束，止裂条件由式（2-58）给出。在常压力驱动下的裂纹扩展长度及裂纹尖端的损伤局部化长度可由式（2-62）和式（2-68）确定。在宏观裂纹区，岩石被认为已完全损伤，损伤值 $D=1$。

在爆破中区，岩石在爆炸应力波作用下，微裂纹被激活和扩展，从而使岩石产生损伤，损伤场由式（2-44）给出，计算步骤可采用以上介绍的小损伤条件下的解耦方法。通常可采用 DYNA、SHELL 等计算程序确定岩石在爆炸载荷下的应力场，然后由式（2-44）确定岩石内的损伤场。微裂纹在爆炸应力波作用下的扩展半径可由式（2-3）确定，它是爆生气体作用下裂纹扩展的初始值。

2.6.2.4　爆破中区在爆生气体作用下的损伤场

爆破中区在爆生气体作用下的损伤场可根据以下步骤来确定：

（1）由式（2-47）计算出岩石在爆生气体作用下的应力场。

（2）由式（2-62）的扩展条件可确定在爆生气体作用下具有统计半径为 a 的微裂纹扩展区域，该区域决定了爆破中区微裂纹发生二次扩展的范围，常压力下的解析解为式（2-63）。

（3）在扩展范围内，微裂纹发生损伤局部化，局部化带长度由式（2-65）确定，常压力下由式（2-68）给出，爆生气体作用后的裂纹长度由 a 增加至 c。

（4）根据以上对复杂加载条件下的损伤演化分析和在爆生气体二次加载下的微裂纹数目、损伤变量不变的假设，岩石在爆炸应力波和爆生气体共同作用下的损伤场可取两者分布作用的并集，因此将 c 代替 a 代入式（2-44）的损伤变量的定义式，可确定岩石在爆炸载荷作用下的损伤场。

爆破中区的损伤范围由爆炸应力波和爆生气体作用下的最大范围确定为

$$r(D) = \max(r_1, r_2) \qquad (2-75)$$

式中：r_1 为应力波作用下的最大损伤范围，可由爆炸应力波作用下体积拉伸应变为零的条件确定；r_2 为爆生气体作用下的最大损伤范围，由二次扩展的准则式（2-64）确定。

爆破中区的损伤值为 $0 \leqslant D \leqslant 1$。

在爆破远区，岩石只发生弹性振动，不发生损伤，即 $D=0$。

第 3 章　明挖爆破技术研究

深孔台阶爆破亦称深孔梯段爆破,是一种工作面以台阶形式向前推进的爆破方法,施工中主要采用微差挤压爆破技术,达到有效控制岩体破碎效果和爆破振动的目的。针对前坪水库工程,在导流洞明挖、泄洪洞明挖及溢洪道露天岩石开挖爆破中采用深孔台阶爆破技术,并进行了试验研究和数值计算研究。

3.1　导流洞明挖爆破技术

3.1.1　导流洞工程概况

导流洞布置在大坝右岸山体,工程包括进口明渠段、控制段、洞身段、消能工段及尾水渠段五部分。导流洞轴线总长度约 1 128 m,其中进口明渠段长约 387 m、控制段长 10 m、洞身段长 341 m,出口消能段长 140 m,尾水渠段长 250 m。进口底板高程为 343.0 m,闸孔尺寸为 7.0 m×9.8 m(宽×高),洞身采用城门洞形,断面尺寸为 7.0 m×(7.2+2.6) m [宽×(直墙高+拱高)],隧洞出口底板高程 342.0 m,采用底流消能,导流洞消力池末端尾水渠入主河道。石方开挖主要工程量:石方明挖共计 69 433 m³,包括上游引渠及控制段石方明挖 34 553 m³,扩散段及消力池段石方明挖 34 880 m³。计划分上下断面进行洞身开挖,上断面总高为 5 m 左右,其中直墙段高 2.4 m,圆弧段高 2.6 m。下断面开挖高度 6.3 m,上断面开挖采用全断面开挖,采用倾斜楔形掏槽。

工程地质:洞身段处于弱风化安山玢岩中,岩体完整性差,围岩类别为 Ⅲ 类。f40 断层、f43 断层穿过洞身段,断层破碎带位置岩体强度较低,稳定性差,围岩类别为 Ⅳ 类。

3.1.2　导流洞明挖爆破试验设计及试验结论

3.1.2.1　试验总体安排

根据导流洞的五个组成部分,该标段包括石方明挖与洞挖两部分内容。导流洞断面较大,采用断面分部开挖法。选定出明渠段与洞挖端的结合处,选定洞脸仰坡(开挖区宽17.2 m,长 29 m)处作为石方明挖的试验地点。爆破试验安排在 2015 年 11 月 12 日进行,爆破试验安排见表 3-1。

表 3-1　导流洞爆破试验安排

序号	爆破试验名称	区号	桩号	试验时间(年-月-日)	备注
1	明挖试验区	Ⅰ	出口洞脸处	2015-11-12～2015-11-15	

3.1.2.2　试验方案

根据实际情况,现定炮孔直径为 90 mm,根据深孔台阶爆破采用潜孔钻钻孔,每层台阶高度为 3.5~10 m,或以设计施工图的边坡台阶高度为一个爆破开挖高度形成爆破区域。主爆孔采用梅花形布孔,沿开口线上布置一排预裂孔,预裂孔与主爆孔之间布置一排缓冲孔。采用缓冲爆破技术,能减缓主爆孔爆破对预裂面保留岩体的损伤。炸药采用 2#岩石硝铵炸药或 2#岩石乳化炸药,药卷直径因炮孔类型不同而不同,主爆孔药卷直径为 90 mm,缓冲孔药卷直径为 52 mm,预裂孔药卷直径为 32 mm。起爆网络采用非电毫秒延期雷管和导爆索组成非电起爆网络,所有爆孔堵塞材料均采用半干黄土或就近采用岩粉堵塞。根据设计文件及现场实际情况,该试验爆破区所在位置的岩石类别主要以 Ⅲ 类岩石、Ⅳ 类岩石为主,根据规范及以往爆破经验,炸药单耗值一般控制在 0.3~0.5 kg/m³,炸药单耗值被确定为影响爆破效果的重要因素。现拟采用不同炸药单耗值(分别取 q 为 0.34 kg/m³、0.38 kg/m³、0.42 kg/m³)进行爆破,以观察爆破效果,最终选定炸药单耗值,从而确定最优爆破参数。

石方明挖爆破试验区共分为以下三个区域,具体参数见表 3-2~表 3-4,比较相同布孔条件下的明挖石方爆破的炸药单耗值 q,其中布孔要求及不同类型炮孔的作用如下:

表 3-2　爆破试验 Ⅰ-1 区

序号	炮孔类型	炮孔直径 (mm)	炮孔排距 (m)	炮孔间距 (m)	抵抗线 (m)	炸药单耗值 (kg/m³)	线装药密度 (g/m)
1	主爆孔	90	3.2	3.6	3.6	0.34	—
2	缓冲孔	90	3.2	2.5	—	0.34	—
3	预裂孔	90	距缓冲孔 2 m	1.0	—	—	425

表 3-3　爆破试验 Ⅰ-2 区

序号	炮孔类型	炮孔直径 (mm)	炮孔排距 (m)	炮孔间距 (m)	抵抗线 (m)	炸药单耗值 (kg/m³)	线装药密度 (g/m)
1	主爆孔	90	3.2	3.6	3.6	0.38	—
2	缓冲孔	90	3.2	2.5	—	0.38	—
3	预裂孔	90	距缓冲孔 2 m	1.0	—	—	450

表 3-4　爆破试验 Ⅰ-3 区

序号	炮孔类型	炮孔直径 (mm)	炮孔排距 (m)	炮孔间距 (m)	抵抗线 (m)	炸药单耗值 (kg/m³)	线装药密度 (g/m)
1	主爆孔	90	3.2	3.6	3.6	0.42	—
2	缓冲孔	90	3.2	2.5	—	0.42	—
3	预裂孔	90	距缓冲孔 2 m	1.0	—	—	475

(1)钻孔倾角 θ,按设计图纸边坡设计的角度。每次爆破孔的数量按照现场实际情况确定,但一段最大单响药量必须符合安全允许爆破药量的要求。

(2)缓冲孔是在预裂孔与主爆孔之间布置的一排炮孔,距离预裂孔 2.0 m,距离最后排主爆孔 3.2 m,主要作用是能控制减缓前面多排主爆孔爆破对预裂面保留岩体的损伤,很好地保护预裂岩面。

(3)预裂孔是在石方爆破开挖主爆区爆破之前爆破的,主要作用是沿设计开挖轮廓线爆出一条有一定宽度的贯穿裂缝,用以缓冲反射开挖爆破的振动波,控制其对保留岩体的破坏影响,并使之获得较平整的开挖轮廓。

3.1.2.3 试验结论

根据爆破试验Ⅰ区的三次爆破,Ⅰ-1区爆破渣料粒径较大,且爆破区内欠挖现象较为严重,需二次补爆,不能满足施工需求。Ⅰ-2区效果良好,未出现欠挖现象,渣料粒径均匀,符合设计及规范要求,满足施工需求。Ⅰ-3区爆破效果一般,爆破区超挖现象较为严重。

因此,推荐采用Ⅰ-2区的炸药单耗值、布孔参数及爆破参数。炸药单耗值取 0.38 kg/m³。布孔参数为:主爆区药卷直径 90 mm,炮孔间距 3.6 m,排距 3.2 m,抵抗线长 3.6 m;缓冲孔药卷直径 52 mm,炮孔间距 2.5 m;预裂孔药卷直径 32 mm,间距 1.0 m,线装药密度 450 g/m。

3.1.3　导流洞明挖爆破数值模拟

在前坪水库水工隧洞明挖爆破数值模拟研究中,导流洞和泄洪洞明挖方法相同,且都处在弱风化安山玢岩中,岩体完整性差,围岩类别为Ⅲ类。对于这两种水工隧洞的爆破模拟可以采用同样的建模方式,其不同点就是改变炮孔直径、装药量及材料参数。本书使用大型有限元动力分析软件 LS-DYNA、ALE 算法对水工隧洞明渠明挖段爆破开挖过程进行建模分析,具体建模过程如下。

本书采用三维实体建模,导流洞明挖段有限元模型包含两种材料,岩石和乳化炸药,实体单元均采用 Solid164 三维实体单元,岩石采用 *MAT_PLASTIC_KINEMATIC 模型,其材料参数如表 3-5 所示,乳化炸药采用 *MAT_HIGH_EXPLOSIVE_BURN 和状态方程 *EOS_JWL 来模拟,其材料参数如表 3-6 所示。

表 3-5　导流洞明挖岩石材料参数

参数	密度 (kg/m³)	弹性模量 (GPa)	泊松比	剪切模量 (GPa)	屈服极限 (MPa)	硬化参数	失效应力 (MPa)
数值	2 650	5	0.2	0.4	6.47	0.5	25.88

表 3-6　导流洞明挖乳化炸药材料参数

参数	密度 (kg/m³)	爆速 D (m/s)	爆压 P_{CJ} (GPa)	A (GPa)	B (GPa)	R_1	R_2	$\overline{\omega}$	E (GPa)	V_0
数值	1 000	3 600	3.24	45.6	0.524	3.5	0.9	1.005	4.26	1.0

本书采用的炸药模型模拟炸药的过程如下:

在时刻 t,高能炸药单元的压力值为

$$P = FP_{eos}(V, E) \tag{3-1}$$

式中:F 为燃烧因子;P_{eos} 为状态方程计算得到的压力;V 为相对体积;E 为初始能量密度。

初始阶段,炸药单元点火时间 t_1 是通过起爆点的时间和炸药单元中心到起爆点的直线距离除以爆速 D 来确定的,燃烧因子 F 计算如下:

$$F = \max(F_1, F_2) \tag{3-2}$$

式中

$$F_1 = \begin{cases} \dfrac{2(t - t_1)DA_{emax}}{3V_e} & (t \geqslant t_1) \\ 0 & (t < t_1) \end{cases} \tag{3-3a}$$

$$F_2 = \beta = \frac{1 - V}{1 - V_{CJ}} \tag{3-3b}$$

式中:V_e 为单元体积;A_{emax} 为单元最大面积;t 为当前计算时间;V_{CJ} 为 Chapmsn-Jougust 相对体积;V 为单元当前相对体积;t_1 为爆炸应力波传到当前单元中心所需要的时间;F 为燃烧因子,最大值为 1。

本书中炸药状态方程 * EOS_JWL 表述如下:

$$P = A\left(1 - \frac{\overline{\omega}}{R_1 V}\right)e^{-R_1 V} + B\left(1 - \frac{\overline{\omega}}{R_2 V}\right)e^{-R_2 V} + \frac{\overline{\omega}E_0}{V} \tag{3-4}$$

式中:V 为爆轰产生相对体积;E_0 为初始内能密度;A、B、R_1、R_2、$\overline{\omega}$ 为材料常数;P 为压力。

图 3-1 为导流洞明挖模型,根据工程实际爆破情况取高度 10 m,宽度为 17 m,纵深为 12 m 的长方体为建模尺寸并施加无反射边界(无反射边界又被称为透射边界或者是无反应边界,即从无限体中截取有限体来进行模拟计算,所以必须考虑模型的边界问题。进行动力分析时需要设定一个有限的空间来体现地下空间或者大块度的岩石。为了避免出现模型边界应力波反射影响求解域的现象,因此通过对模型的有效区域施加无反射边界),共划分 214 389 个单元,其中乳化炸药单元分为预裂孔单元 660 个,缓冲孔单元 240 个,主爆孔单元 270 个。

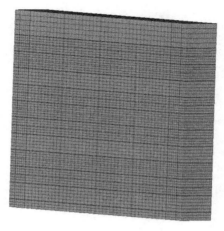

图 3-1　单元网格

图 3-2 为按照实际爆破方案［表 3-3(Ⅰ-2 区)］布置导流洞炮孔有限元模型,导流洞爆破过程数值模拟:该过程采用预裂孔爆破—缓冲孔爆破—主爆孔爆破的顺序进行,如图 3-3 所示。

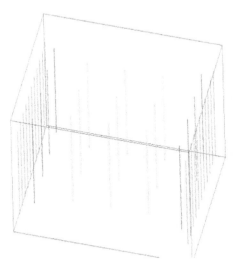

图 3-2　炮孔位置

由图 3-3 可以看出,预裂爆破主要作用在明挖台阶的两侧及后侧面,在预裂爆破完成后两侧形成贯通的两条裂缝从而使得开挖区和山体分开。从图 3-4 可以得出,缓冲爆破完成在预裂面和主爆区之前形成了一个岩石破碎区。从图 3-5 可以看出,主爆孔爆破完成后,由于缓冲爆破形成的缓冲区起到了缓冲作用,主爆对预裂面没有大的影响。从最后主爆孔爆破完成来看,主爆孔爆破使岩体逐层脱落,每一排主爆都形成了完全贯通的裂缝。由此可得按照此方案爆破可以达到理想的效果。

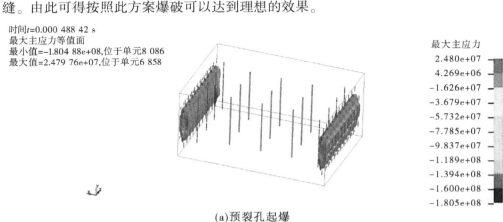

(a)预裂孔起爆

图 3-3　预裂孔爆破及最大主应力云图　(单位:Pa)

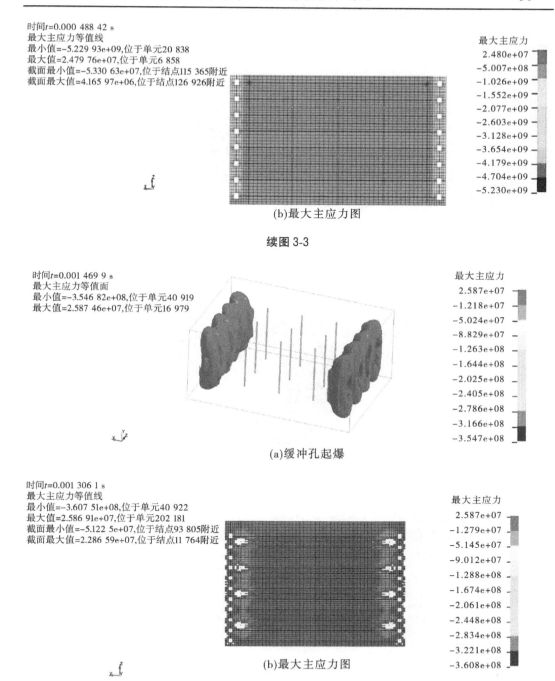

时间t=0.000 488 42 s
最大主应力等值线
最小值=-5.229 93e+09,位于单元20 838
最大值=2.479 76e+07,位于单元6 858
截面最小值=-5.330 63e+07,位于结点115 365附近
截面最大值=4.165 97e+06,位于结点126 926附近

最大主应力
　2.480e+07
-5.007e+08
-1.026e+09
-1.552e+09
-2.077e+09
-2.603e+09
-3.128e+09
-3.654e+09
-4.179e+09
-4.704e+09
-5.230e+09

(b)最大主应力图

续图3-3

时间t=0.001 469 9 s
最大主应力等值面
最小值=-3.546 82e+08,位于单元40 919
最大值=2.587 46e+07,位于单元16 979

最大主应力
　2.587e+07
-1.218e+07
-5.024e+07
-8.829e+07
-1.263e+08
-1.644e+08
-2.025e+08
-2.405e+08
-2.786e+08
-3.166e+08
-3.547e+08

(a)缓冲孔起爆

时间t=0.001 306 1 s
最大主应力等值线
最小值=-3.607 51e+08,位于单元40 922
最大值=2.586 91e+07,位于单元202 181
截面最小值=-5.122 5e+07,位于结点93 805附近
截面最大值=2.286 59e+07,位于结点11 764附近

最大主应力
　2.587e+07
-1.279e+07
-5.145e+07
-9.012e+07
-1.288e+08
-1.674e+08
-2.061e+08
-2.448e+08
-2.834e+08
-3.221e+08
-3.608e+08

(b)最大主应力图

图3-4　缓冲孔爆破及最大主应力云图　(单位:Pa)

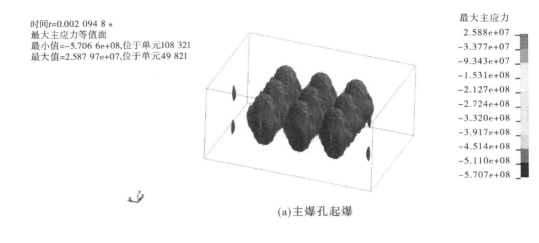

时间 t=0.002 094 8 s
最大主应力等值面
最小值=-5.706 6e+08,位于单元108 321
最大值=2.587 97e+07,位于单元49 821

最大主应力
2.588e+07
-3.377e+07
-9.343e+07
-1.531e+08
-2.127e+08
-2.724e+08
-3.320e+08
-3.917e+08
-4.514e+08
-5.110e+08
-5.707e+08

(a)主爆孔起爆

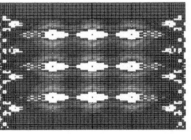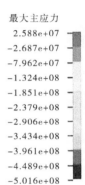

时间 t=0.002 364 3 s
最大主应力等值线
最小值=-5.016 16e+08,位于单元108 316
最大值=2.587 91e+07,位于单元73 814
截面最小值=-1.260 15e+08,位于结点69 845附近
截面最大值=1.902 59e+07,位于结点143 199附近

最大主应力
2.588e+07
-2.687e+07
-7.962e+07
-1.324e+08
-1.851e+08
-2.379e+08
-2.906e+08
-3.434e+08
-3.961e+08
-4.489e+08
-5.016e+08

(b)最大主应力图

图 3-5　主爆孔爆破及最大主应力云图　(单位:Pa)

导流洞明挖数值模拟结果印证了Ⅰ-2区试验方案的可行性,即炸药单耗、布孔参数及爆破参数。炸药单耗值取 0.38 kg/m³。布孔参数为:主爆区药卷直径 90 mm,炮孔间距 3.6 m,排距 3.2 m,抵抗线长 3.6 m;缓冲孔药卷直径 52 mm,炮孔间距 2.5 m;预裂孔药卷直径为 32 mm,间距 1.0 m,线装药密度为 450 g/m。

3.2　泄洪洞明挖爆破技术

3.2.1　泄洪洞工程概况

泄洪洞布置在主坝左侧,包括引渠段、进口段、控制段、洞身段、消能工程段等部分。进口洞底高程为 360 m,控制段闸室采用有压短管形式,洞身段采用无压城门洞形隧洞,出口消能方式采用挑流消能。泄洪洞总长约 689 m,工作闸门和事故检修闸门分别采用孔口尺寸为 6.5 m×7.5 m 的弧形钢闸门和孔口尺寸为 6.5 m×7.8 m 的平板闸门,分别配备 1 台液压启闭机和 1 台卷扬式启闭机。

工程地质:引渠段地质结构上部为上更新统壤土、粉质黏土和卵砾石层,呈互层状,下伏基岩为安山玢岩,弱风化。引渠段底板高程为 360 m,基础位于壤土、粉质黏土上,在桩号 0-008 处过渡为安山玢岩。粉质黏土抗冲刷能力差。进口段地质结构上部是壤土与卵石互层,下伏基岩为安山玢岩。底板高程为 360 m,洞口大部分及洞身处于弱风化的安山玢岩中。竖井控制端自上而下为弱风化的安山玢岩,岩体裂隙发育,主要裂隙产状与进口段和洞身段相似,围岩类别属Ⅲ类。洞身段大部分为微弱风化下带安山玢岩,桩号 0+346 后进入辉绿岩,局部为强风化流纹岩,岩体陡倾角裂隙发育,裂隙走向以北西向、北东向为主,岩体多呈镶嵌碎裂结构,完整性较差,洞体受北东向裂隙构造影响较大。洞身段末端岩体为强风化安山玢岩。洞身段围岩类别为Ⅲ类,末端岩体强度较低,稳定性差,围岩类别为Ⅳ类。出口消能段大部分为弱风化安山玢岩,洞脸边坡岩体倾角裂隙发育,裂隙走向以北往西、北东向为主,受西北向裂隙构造影响,岩体多呈镶嵌碎裂结构,完整性较差。

3.2.2　泄洪洞明挖爆破试验设计及试验结果

3.2.2.1　试验总体安排

根据泄洪洞的五个组成部分,该标段包括石方明挖与洞挖两部分内容。泄洪洞断面较大,采用断面分部开挖法。结合出口处覆盖层较薄,开挖工作相对较早,选泄洪洞出口仰坡高程 379.00~363.84 m 处作为石方明挖的试验地点。爆破试验安排在 2016 年 1 月 2 日进行。该标段洞挖施工计划采用断面分部开挖正台阶法进行,泄洪洞洞挖施工共分为两个断面,即上断面和下断面。先进行上断面爆破开挖施工,待进入洞身 80 m 左右再开始进行上、下断面交替施工。在上、下断面进行爆破施工时,首先进行爆破试验,拟定上断面爆破试验在 2016 年 4 月于泄洪洞出口洞脸 0+554 处进行,下断面爆破试验在 2016 年 5 月进行。

3.2.2.2　试验方案

根据实际情况,出口段露天爆破规定炮孔直径为 100 mm,药卷直径分别采用 32 mm、52 mm,炸药采用 2# 岩石乳化炸药和 2# 岩石粉状乳化炸药;采用潜孔钻钻孔,每层台阶高度为 6~12 m,或以设计施工图的边坡台阶高度为一个爆破开挖高度形成爆破区域,主爆孔采用梅花形布孔,沿开口线上布置一排预裂孔,预裂孔与主爆孔之间布置一排缓冲爆破孔。采用缓冲爆破技术,能减缓主爆孔爆破对预裂面保留岩体的损伤。试验爆破参数如表 3-7、表 3-8 所示。

表 3-7　第一次爆破试验参数统计

序号	炮孔名称	钻孔直径 (mm)	孔深 (m)	超深 (m)	孔距 (m)	排距 (m)	堵塞长度 (m)	炸药 单耗值 (kg/m³)	线装药 密度 (g/m)	单孔装 药量 (kg)
1	主爆孔	100	9.5	0.6	3.0	3.0	2.4	0.38	—	34.54
2	缓冲孔	100	9.5	0.6	2.5	2.0	2.4	0.38	—	19.2
3	预裂孔	100	9.5	0.6	0.8	—	1.5	—	350	3.54

表 3-8　第二次爆破试验参数统计

序号	炮孔名称	钻孔直径（mm）	孔深（m）	超深（m）	孔距（m）	排距（m）	堵塞长度（m）	炸药单耗值（kg/m³）	线装药密度（g/m）	单孔装药量（kg）
1	主爆孔	100	9.5	0.6	3.0	3.0	2.4	0.4	—	36.4
2	缓冲孔	100	9.5	0.6	2.5	2.0	2.4	0.4	—	20.2
3	预裂孔	100	9.5	0.6	0.8	—	1.5	—	400	4.1

布孔要求及不同类型炮孔的作用如下：

（1）钻孔倾角 θ，按设计图纸边坡设计的角度。每次爆破孔的数量按照现场实际情况确定，但一段最大单响药量必须符合安全允许爆破药量的要求。

（2）缓冲孔是在预裂孔与主爆孔之间布置的一排炮孔，距预裂孔 2 m，距最后排主爆孔 3.0 m，主要作用是能控制减缓前面多排主爆孔爆破对预裂面保留岩体的损伤，很好地保护预裂岩面。

（3）预裂孔是在石方爆破开挖主爆区爆破之前爆破的，主要作用是沿设计开挖轮廓线爆出一条有一定宽度的贯穿裂缝，用以缓冲反射开挖爆破的振动波，控制其对保留岩体的破坏影响，并使之获得较平整的开挖轮廓。

3.2.2.3　试验结论

第一次爆破试验分析：由专业技术人员对爆堆和破碎块分布规律进行评价，爆破松散度不够，大块较多，分布不均匀且级配不合理，不能满足施工要求。

第二次爆破试验分析：由专业技术人员对爆堆和破碎块分布规律进行评价，爆破松散度较好，极少大块，分布均匀且级配合理，能够满足施工要求。

根据两次爆破试验效果来看均没有产生大量飞石。泄洪洞洞脸处的爆渣及衬砌状况如图 3-6、图 3-7 所示。

图 3-6　泄洪洞洞脸处的爆渣及衬砌状况（一）

图 3-7　泄洪洞洞脸处的爆渣及衬砌状况(二)

因此,推荐采用第二次试验的炸药单耗值、布孔参数及爆破参数。炸药单耗值取 0.4 kg/m³。布孔参数为:主爆区炮孔直径 100 mm,炮孔间距 3.0 m,排距 3.0 m;缓冲孔炮孔直径 100 mm,药卷直径 52 mm,炮孔间距 2.5 m,排距 2.0 m;预裂孔直径 100 mm,药卷直径 32 mm,间距 0.8 m,线装药密度为 400 g/m。

3.2.3　泄洪洞明挖爆破数值模拟

图 3-8 为泄洪洞明挖模型,根据工程实际爆破情况取高度为 10 m、宽度为 17 m、纵深为 12 m 的长方体为建模尺寸并施加无反射边界。共划分 214 389 个单元,其中乳化炸药单元分为预裂孔单元 720 个,缓冲孔单元 240 个,主爆孔单元 270 个。实体单元均采用 Solid164 三维实体单元,岩石采用 * MAT_PLASTIC_KINEMATIC 模型,其材料参数如表 3-9 所示,乳化炸药采用 * MAT_HIGH_EXPLOSIVE_BURN 和状态方程 * EOS_JWL 来模拟,其材料参数如表 3-10 所示。

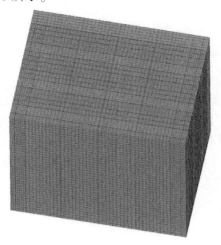

图 3-8　单元网格

表 3-9　泄洪洞明挖岩石材料参数

参数	密度（kg/m³）	弹性模量（GPa）	泊松比	剪切模量（GPa）	屈服极限（MPa）	硬化参数	失效应力（MPa）
数值	2 650	5	0.2	0.4	6.47	0.5	25.88

表 3-10　乳化炸药参数

参数	密度（kg/m³）	爆速 D（m/s）	爆压 P_{CJ}（GPa）	A（GPa）	B（GPa）	R_1	R_2	$\overline{\omega}$	E（GPa）	V_0
数值	1 000	3 600	3.24	45.6	0.524	3.5	0.9	1.005	4.26	1.0

　　图 3-9 为按照实际爆破方案布置泄洪洞炮孔有限元模型。泄洪洞爆破过程数值模拟:该过程采用预裂孔爆破—缓冲孔爆破—主爆孔爆破的顺序进行,如图 3-10～图 3-12所示。

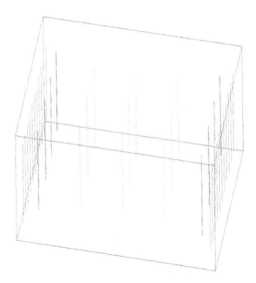

图 3-9　炮孔位置

　　由图 3-10 可以看出,预裂爆破主要作用在明挖台阶的两侧,在预裂爆破完成后两侧形成贯通的两条裂缝从而使得开挖区和山体分开。从图 3-11 可以得出,缓冲爆破完成在预裂面和主爆区之前形成了一个岩石破碎区。从图 3-12 可以看出,主爆完成后,由于缓冲爆破形成的缓冲区起到了缓冲作用,主孔爆破对预裂面没有太大的影响。从最后主孔爆破完成来看,主孔爆破使岩体逐层脱落,每一排主爆都形成了完全贯通的裂缝。由此可得,按照此方案爆破可行。

时间t=0.000 488 42 s
最大主应力等值面
最小值=−2.137 94e+08,位于单元73 249
最大值=2.479 76e+07,位于单元6 858

最大主应力

2.480e+07
9.384e+05
−2.292e+07
−4.678e+07
−7.064e+07
−9.450e+07
−1.184e+08
−1.422e+08
−1.661e+08
−1.899e+08
−2.138e+08

(a)预裂孔起爆

时间t=0.000 488 42 s
最大主应力等值线
最小值=−1.804 88e+08,位于单元8 086
最大值=2.479 76e+07,位于单元6 858
截面最小值=−5.330 63e+07,位于结点115 365附近
截面最大值=1.243 61e+07,位于结点110 085附近

最大主应力

2.480e+07
4.269e+06
−1.626e+07
−3.679e+07
−5.732e+07
−7.785e+07
−9.837e+07
−1.189e+08
−1.394e+08
−1.600e+08
−1.805e+08

(b)最大主应力云图

图 3-10　预裂孔爆破及最大主应力云图　（单位:Pa）

时间t=0.001 306 1 s
最大主应力等值面
最小值=−3.607 51e+08,位于单元40 922
最大值=2.586 91e+07,位于单元202 181

最大主应力

2.587e+07
−1.279e+07
−5.145e+07
−9.012e+07
−1.288e+08
−1.674e+08
−2.061e+08
−2.448e+08
−2.834e+08
−3.221e+08
−3.608e+08

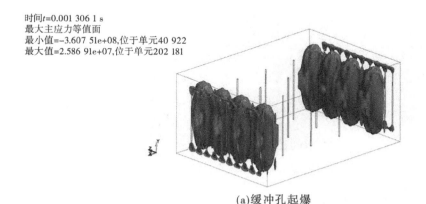

(a)缓冲孔起爆

图 3-11　缓冲孔爆破及最大主应力云图　（单位:Pa）

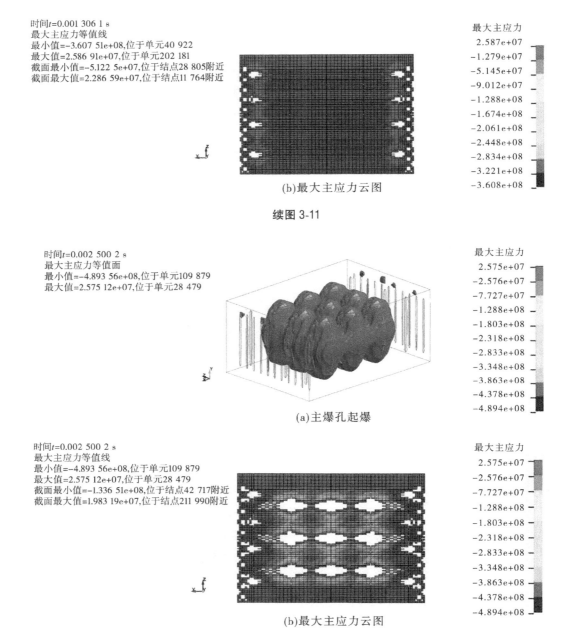

时间*t*=0.001 306 1 s
最大主应力等值线
最小值=−3.607 51e+08,位于单元40 922
最大值=2.586 91e+07,位于单元202 181
截面最小值=−5.122 5e+07,位于结点28 805附近
截面最大值=2.286 59e+07,位于结点11 764附近

最大主应力
2.587e+07
−1.279e+07
−5.145e+07
−9.012e+07
−1.288e+08
−1.674e+08
−2.061e+08
−2.448e+08
−2.834e+08
−3.221e+08
−3.608e+08

(b)最大主应力云图

续图 3-11

时间*t*=0.002 500 2 s
最大主应力等值面
最小值=−4.893 56e+08,位于单元109 879
最大值=2.575 12e+07,位于单元28 479

最大主应力
2.575e+07
−2.576e+07
−7.727e+07
−1.288e+08
−1.803e+08
−2.318e+08
−2.833e+08
−3.348e+08
−3.863e+08
−4.378e+08
−4.894e+08

(a)主爆孔起爆

时间*t*=0.002 500 2 s
最大主应力等值线
最小值=−4.893 56e+08,位于单元109 879
最大值=2.575 12e+07,位于单元28 479
截面最小值=−1.336 51e+08,位于结点42 717附近
截面最大值=1.983 19e+07,位于结点211 990附近

最大主应力
2.575e+07
−2.576e+07
−7.727e+07
−1.288e+08
−1.803e+08
−2.318e+08
−2.833e+08
−3.348e+08
−3.863e+08
−4.378e+08
−4.894e+08

(b)最大主应力云图

图 3-12　主爆孔爆破及最大主应力云图　(单位:Pa)

泄洪洞明挖数值模拟结果印证了第二次试验方案的可行性,即炸药单耗值取 0.4 kg/m³。布孔参数为:主爆区炮孔直径 100 mm,炮孔间距 3.0 m,排距 3.0 m;缓冲孔炮孔直径 100 mm,药卷直径 52 mm,炮孔间距 2.5 m,排距 2.0 m;预裂孔炮孔直径 100 mm,药卷直径 32 mm,间距 0.8 m,线装药密度为 400 g/m。

3.3　溢洪道石方开挖爆破技术

3.3.1　工程概况

溢洪道布置在大坝左岸山体上,进口段山顶高程约 480 m。溢洪道包括进水渠段、进口翼墙段、控制段、泄槽段及消能防冲段等五部分,中心轴线总长度约 383.8 m,其中进水渠段长约 186.8 m、进口翼墙段长 46 m、控制段长 35 m、泄槽段长 99 m、消能段长 17 m。控制闸闸室共 5 孔,单孔净宽 15 m,闸室结构形式为开敞式实用堰结构,堰前闸底板高程 399.0 m,闸墩顶高程 423.50 m,闸室设 5 扇弧形钢闸门,采用弧门卷扬式启闭机启闭。下游消能防冲采用挑流消能。属于深挖方工程。

工程地质:进水渠段建基面高程为 399.0 m,位于弱风化安山玢岩上;控制段基岩裸露,岩性主要为弱风化上段安山玢岩;泄槽前段基岩裸露,岩性为弱风化安山玢岩,后段大致桩号 0+363 以后上部为覆盖层,下伏弱风化辉绿岩,岩体裂隙发育,裂隙走向以北西向为主,岩体呈镶嵌碎裂结构,完整性较差,抗冲刷能力差;出口消能工段位于弱风化辉绿岩,受构造影响,岩体多呈镶嵌碎裂结构,完整性较差,抗冲刷能力差,消能工下游二级阶地覆盖层厚度为 7.0~11.1 m,岩性为土壤和卵石,下伏基岩为弱风化安山玢岩。

3.3.2　露天岩石爆破试验设计及结论

3.3.2.1　试验设计

本次试验为深孔台阶爆破试验,分 2 个区域进行,分别在溢洪道进水引渠段(试验桩号:0-160~0-100)、控制段(试验桩号:0+000~0+035)两处进行爆破试验,岩性均为弱风化安山玢岩。试验参数如表 3-11 所示。

表 3-11　试验区爆破试验参数

项目	试验位置					
	0-160~0-100			0+000~0+035		
爆孔类型	主爆孔	预裂孔	预裂孔	主爆孔	预裂孔	预裂孔
炮孔直径(mm)	90	90	90	90	90	90
孔距(m)	3.5	1.2	1.1	4.0	0.95	0.85
排距(m)	3.5	—	—	4.0	—	—
钻孔倾角(°)	90	63	63	90	63	63
孔深(m)	10	10	10	10	10	10
堵塞长度(m)	3	2.0	2.0	3	2.0	2.0
炸药单耗值(kg/m³)	0.29	—	—	0.22	—	—
线装药密度(kg/m)	5.1	0.4	0.4	5.03	0.4	0.4
单孔装药量(kg)	35.53	4.0	4.0	35.2	4.0	4.0

3.3.2.2 主爆区试验结果分析

1. 进水引渠段(0-160~0-100)爆破试验

爆破料开采后,采用反铲挖掘机在爆破料堆上部、中部、下部取样,进行筛分试验。试验级配料筛分后通过该孔径的质量百分数统计资料列于表 3-12,筛分试验结果曲线见图 3-13 所示。

表 3-12　筛分统计

粒径 (mm)	>600	300~ 600	150~ 300	80~ 150	40~80	20~40	10~20	5~10	2.5~5	0.075~ 2.5	≤0.075
净重(kg)	500	1 620	2 340	3 379.2	3 368.6	2 842.5	1 828.8	1 231	645.4	645	39.6
净重百分比(%)	2.7	8.8	12.7	18.3	18.3	15.4	9.9	6.7	3.5	3.5	0.2
过筛率(%)	97.3	88.5	75.8	57.5	39.2	23.8	13.9	7.2	3.7	0.2	0.2

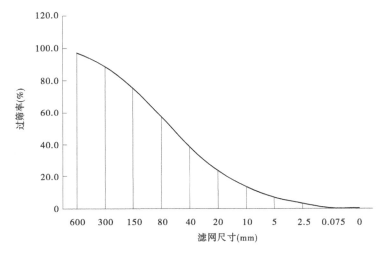

图 3-13　筛分试验结果曲线

2. 控制段(0+000~0+035)爆破试验

爆破料开采后,采用反铲挖掘机在爆破料堆上部、中部、下部取样,进行筛分试验。试验级配料筛分后通过该孔径的质量百分数统计资料列于表 3-13,筛分试验结果曲线如图 3-14 所示。

表 3-13　筛分统计

粒径 (mm)	>600	300~ 600	150~ 300	80~ 150	40~80	20~40	10~20	5~10	2.5~5	0.075~ 2.5	≤0.075
净重(kg)	180	1 940	4 440	4 156.2	5 628.1	5 125	2 334.6	1 239.4	636.9	680	60
净重百分比(%)	0.7	7.3	16.8	15.7	21.3	19.4	8.8	4.7	2.4	2.6	0.3
过筛率(%)	99.3	92.0	75.2	59.4	38.1	18.7	9.9	5.2	2.8	0.3	0.3

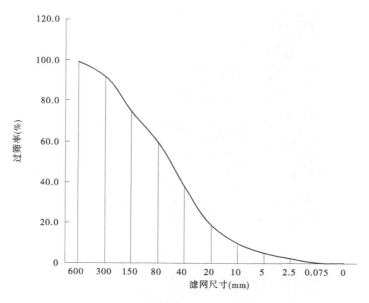

图 3-14　筛分试验结果曲线

现场筛分及称量见图 3-15~图 3-17。

根据试爆现场和筛分试验情况看,控制段爆破后,爆破后岩石较破碎,爆堆相对集中,级配良好且连续,粒径小于 0.075 mm 试块含量<5%,粒径小于 5 mm 试块含量<20%,粒径大于 600 mm 试块含量为 0.3%,在液压破碎锤的配合下,能够很好地保证渣料粒径不超过 600 mm,从而保证上坝料颗粒粒径的设计要求。同时,从试验区域的地质条件来看,在岩性较硬的部位可采用较小的间排距(3.5 m),岩性较弱的部位采用较大的间排距(4.0 m),这样在满足上坝料的同时也能节省投资。

图 3-15　试验场地筛分

图 3-16　地磅称重

图 3-17　小粒径筛分与称重

3.3.2.3　边壁预裂过程及结果分析

溢洪道边壁预裂需要控制预裂孔的孔距、线装药密度及钻孔的精度等这些参数才能保证较高的残孔率。

从边壁预裂的过程及结果(见图 3-18~图 3-25)分析来看,影响边壁预裂效果的主要因素是孔距,同时也与钻孔孔位偏差、钻孔孔向及倾角的控制有关。经济合适的孔距是保证残孔率的关键因素。另外,钻孔机械设备及操作工人也占较大的影响因素。对于本项目,溢洪道相邻台阶之间高差较大,在 15 m 左右,钻孔机械钻孔时的振动及地质中小范围内不明确的地层(顽石、夹层)都会导致钻孔孔位的偏斜,以及相邻炮孔之间的穿孔,间接地引起孔距及线装药密度的变化,最后无法保证溢洪道的预裂面平整度及残孔率。

从分析的过程及预裂爆破后呈现的预裂面,可以得出如下结论:高边坡开挖面爆破孔距应控制在 85 cm 左右,残孔率可达 95%以上,同时用简易潜孔钻钻预裂孔时,遇到钻机振动较大时,应适当减小气压,缓慢加压,慢慢研磨。

图 3-18　现场分析振动导致的孔位偏差的控制方法

图 3-19　现场检查预裂孔的孔距

图 3-20　预裂孔的起爆导爆索

图 3-21　钻机振动导致的孔向偏斜孔壁

图 3-22　炮孔间距 1.2 m 的预裂面

图 3-23　炮孔间距 1.1 m 的预裂面

图 3-24　炮孔间距 95 cm 的预裂面

图 3-25　炮孔间距 85 cm 的预裂面

3.3.3　溢洪道露天岩石开挖数值模拟

3.3.3.1　溢洪道露天岩石上深孔台阶爆破数值模拟研究

露天岩石深孔台阶有限元模型包含两种材料,岩石和乳化炸药,实体单元均采用 Solid164 三维实体单元,岩石采用 ∗ MAT_PLASTIC_KINEMATIC 模型,乳化炸药采用 ∗ MAT_HIGH_EXPLOSIVE_BURN 和状态方程 ∗ EOS_JWL 来模拟,其材料参数如表 3-14 和表 3-15 所示。根据工程实际爆破情况取长度 12 m、宽度 12 m、高 11 m 的长方体为建模尺寸并施加无反射边界,其中按照主爆孔距离取孔距为 3.5 m、4.0 m 的两个主爆区模型研究,图 3-26 为按照实际爆破方案布置有限元模型。图 3-27、图 3-28 为按照实际爆破方案的起爆过程。

表 3-14　溢洪道露天岩石材料参数

参数	密度 （kg/m³）	弹性模量 （GPa）	泊松比	剪切模量 （GPa）	屈服极限 （MPa）	硬化参数	失效应力 （MPa）
数值	2 650	5	0.2	0.4	6.47	0.5	25.88

表 3-15 乳化炸药参数

参数	密度 （kg/m³）	爆速 D （m/s）	爆压 P_{CJ} （GPa）	A （GPa）	B （GPa）	R_1	R_2	$\overline{\omega}$	E （GPa）	V_0
数值	1 000	3 600	3.24	45.6	0.524	3.5	0.9	1.005	4.26	1.0

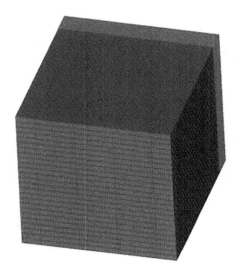

(a)单元网格

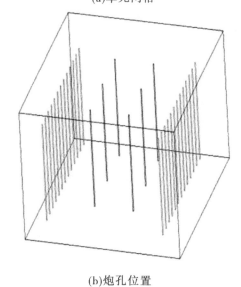

(b)炮孔位置

图 3-26 单元网格及炮孔位置

如图 3-27、图 3-28 为主爆区采用这两种爆孔间距可以很好地形成石料破碎区。

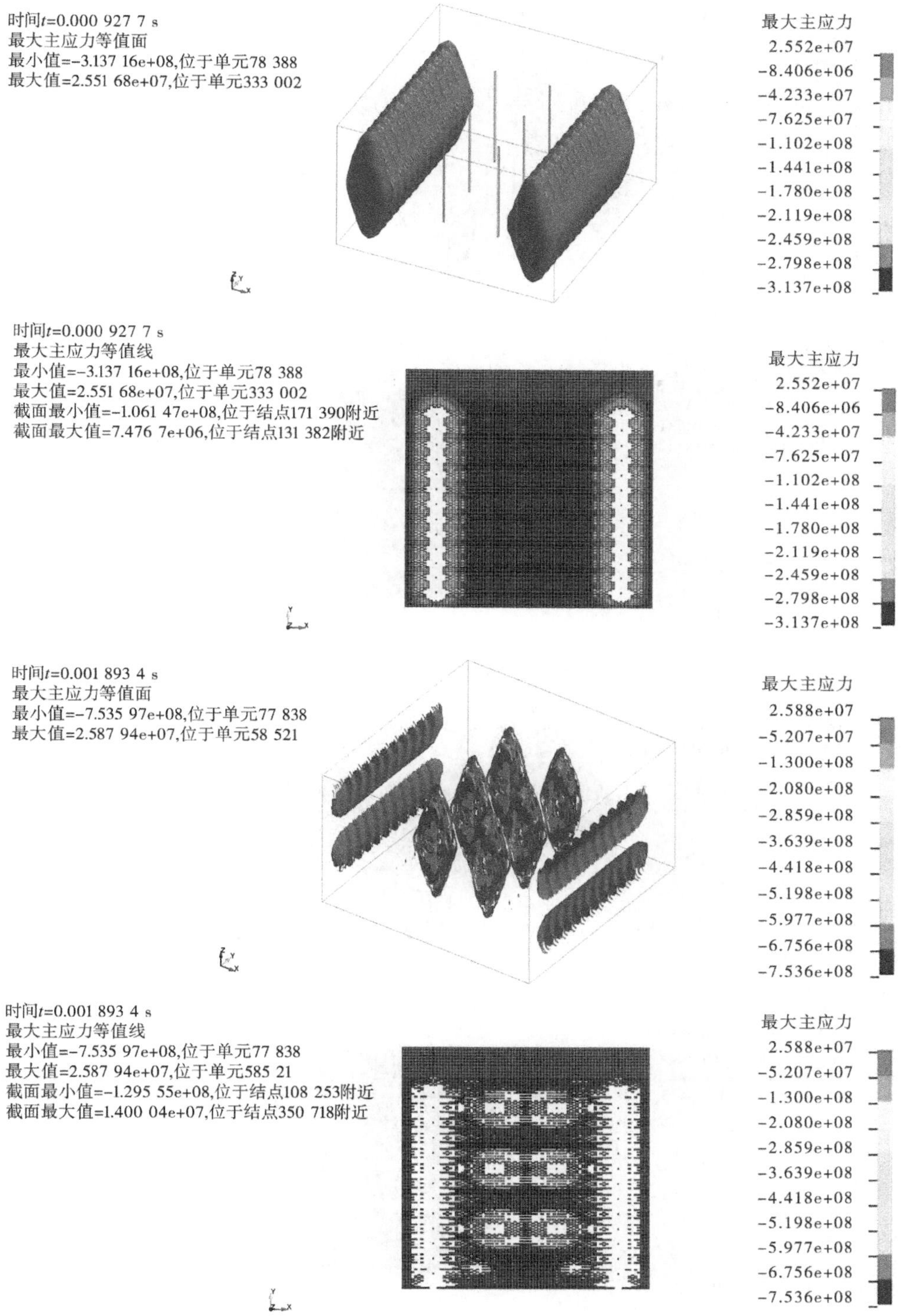

时间*t*=0.000 927 7 s
最大主应力等值面
最小值=-3.137 16e+08,位于单元78 388
最大值=2.551 68e+07,位于单元333 002

最大主应力

2.552e+07
-8.406e+06
-4.233e+07
-7.625e+07
-1.102e+08
-1.441e+08
-1.780e+08
-2.119e+08
-2.459e+08
-2.798e+08
-3.137e+08

时间*t*=0.000 927 7 s
最大主应力等值线
最小值=-3.137 16e+08,位于单元78 388
最大值=2.551 68e+07,位于单元333 002
截面最小值=-1.061 47e+08,位于结点171 390附近
截面最大值=7.476 7e+06,位于结点131 382附近

最大主应力

2.552e+07
-8.406e+06
-4.233e+07
-7.625e+07
-1.102e+08
-1.441e+08
-1.780e+08
-2.119e+08
-2.459e+08
-2.798e+08
-3.137e+08

时间*t*=0.001 893 4 s
最大主应力等值面
最小值=-7.535 97e+08,位于单元77 838
最大值=2.587 94e+07,位于单元58 521

最大主应力

2.588e+07
-5.207e+07
-1.300e+08
-2.080e+08
-2.859e+08
-3.639e+08
-4.418e+08
-5.198e+08
-5.977e+08
-6.756e+08
-7.536e+08

时间*t*=0.001 893 4 s
最大主应力等值线
最小值=-7.535 97e+08,位于单元77 838
最大值=2.587 94e+07,位于单元585 21
截面最小值=-1.295 55e+08,位于结点108 253附近
截面最大值=1.400 04e+07,位于结点350 718附近

最大主应力

2.588e+07
-5.207e+07
-1.300e+08
-2.080e+08
-2.859e+08
-3.639e+08
-4.418e+08
-5.198e+08
-5.977e+08
-6.756e+08
-7.536e+08

图3-27　3.5 m 间距主爆孔爆破及最大主应力云图　（单位:Pa）

时间t=0.000 981 91 s
最大主应力等值面
最小值=−3.498 42e+08,位于单元47 210
最大值=2.584 21e+07,位于单元13 672

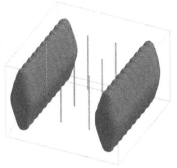

最大主应力
2.584e+07
−1.173e+07
−4.929e+07
−8.686e+07
−1.244e+08
−1.620e+08
−1.996e+08
−2.371e+08
−2.747e+08
−3.123e+08
−3.498e+08

时间t=0.000 981 91 s
最大主应力等值线
最小值=−3.498 42e+08,位于单元47 210
最大值=2.584 21e+07,位于单元13 672
截面最小值=−1.087 28e+08,位于结点91 720附近
截面最大值=7.333 68e+06,位于结点266 944附近

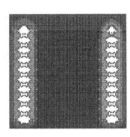

最大主应力
2.584e+07
−1.173e+07
−4.929e+07
−8.686e+07
−1.244e+08
−1.620e+08
−1.996e+08
−2.371e+08
−2.747e+08
−3.123e+08
−3.498e+08

时间t=0.001 696 3 s
最大主应力等值面
最小值=−7.869 81e+08,位于单元105 225
最大值=2.587 77e+07,位于单元244 951

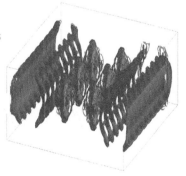

最大主应力
2.588e+07
−5.541e+07
−1.367e+08
−2.180e+08
−2.993e+08
−3.806e+08
−4.618e+08
−5.431e+08
−6.244e+08
−7.057e+08
−7.870e+08

时间t=0.001 696 3 s
最大主应力等值线
最小值=−7.869 81e+08,位于单元105 225
最大值=2.587 77e+07,位于单元244 951
截面最小值=−1.817 46e+08,位于结点160 144附近
截面最大值=1.629 8e+07,位于结点23 396附近

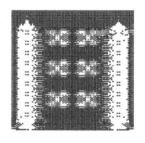

最大主应力
2.588e+07
−5.541e+07
−1.367e+08
−2.180e+08
−2.993e+08
−3.806e+08
−4.618e+08
−5.431e+08
−6.244e+08
−7.057e+08
−7.870e+08

图 3-28　4.0 m 间距主爆孔爆破及最大主应力云图　（单位:Pa）

3.3.3.2　溢洪道露天岩石预裂爆破数值模拟研究

露天岩石有限元模型包含两种材料,岩石和乳化炸药,实体单元均采用 Solid164 三维实体单元,岩石采用 * MAT_PLASTIC_KINEMATIC 模型,乳化炸药采用 * MAT_HIGH_EXPLOSIVE_BURN 和状态方程 * EOS_JWL 来模拟,其材料参数如表 3-14 和表 3-15 所示。根据工程实际爆破情况取高度 11 m、宽度 11 m、厚 2 m 的长方体为建模尺寸并施加无反射边界,其中预裂孔距离按照 0.85 m、0.95 m、1.1 m、1.2 m 分四个不同模型计算。图 3-29 为按照实际爆破方案布置有限元模型。

(a)单元网格　　　　　　　　(b)预裂孔位置

图 3-29　单元网格及预裂孔位置

溢洪道露天岩石预裂爆破过程数值模拟,该过程采用起爆顺序为:预裂孔同时起爆,如图 3-30~图 3-33 所示。

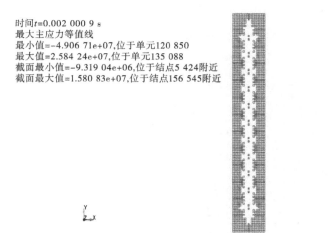

时间 t=0.002 000 9 s
最大主应力等值线
最小值=-4.906 71e+07,位于单元120 850
最大值=2.584 24e+07,位于单元135 088
截面最小值=-9.319 04e+06,位于结点5 424附近
截面最大值=1.580 83e+07,位于结点156 545附近

最大主应力
2.584e+07
1.835e+07
1.086e+07
3.370e+06
-4.121e+06
-1.161e+07
-1.910e+07
-2.659e+07
-3.409e+07
-4.158e+07
-4.907e+07

图 3-30　间距 0.85 m 预裂孔爆破形成预裂面横截面　（单位:Pa）

时间*t*=0.002 000 9 s
最大主应力等值线
最小值=−4.686 85e+07,位于单元73 469
最大值=2.575 19e+07,位于单元48 530
截面最小值=−5.656 2e+06,位于结点65 738附近
截面最大值=1.488 74e+07,位于结点74 502附近

最大主应力
2.575e+07
1.849e+07
1.123e+07
3.966e+06
−3.296e+06
−1.056e+06
−1.782e+07
−2.508e+07
−3.234e+07
−3.961e+07
−4.687e+07

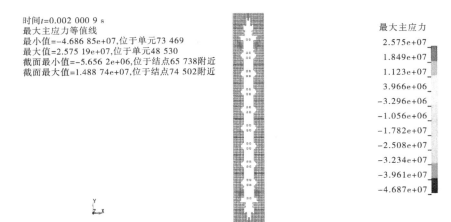

图 3-31　间距 0.95 m 预裂孔爆破形成预裂面横截面　（单位:Pa）

时间*t*=0.002 000 9 s
最大主应力等值线
最小值=−4.550 62e+07,位于单元73 205
最大值=2.587 64e+07,位于单元32 915
截面最小值=−4.336 98e+06,位于结点56 089附近
截面最大值=1.558 79e+07,位于结点151 369附近

最大主应力
2.588e+07
1.874e+07
1.160e+07
4.462e+06
−2.677e+06
−9.815e+06
−1.695e+07
−2.409e+07
−3.123e+07
−3.837e+07
−4.551e+07

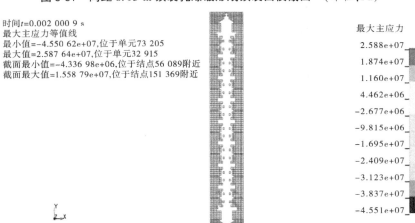

图 3-32　间距 1.1 m 预裂孔爆破形成预裂面横截面　（单位:Pa）

时间*t*=0.002 000 9 s
最大主应力等值线
最小值=−4.673 03e+07,位于单元72 996
最大值=2.581 79e+07,位于单元48 260
截面最小值=−1.541 36e+06,位于结点112 472附近
截面最大值=1.299 17e+07,位于结点78 738附近

最大主应力
2.582e+07
1.856e+07
1.131e+07
4.053e+06
−3.201e+06
−1.046e+07
−1.771e+07
−2.497e+07
−3.222e+07
−3.948e+07
−4.673e+07

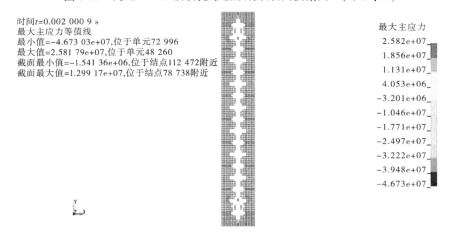

图 3-33　间距 1.2 m 预裂孔爆破形成预裂面横截面　（单位:Pa）

从上面四个模型的横断面有效应变图可以看出,露天岩石预裂爆破孔距为 0.85 m 时,预裂效果最好,形成了贯通的裂缝,并且预裂面较为平整,随着孔距的增加,预裂效果越来越差,孔距为 1.2 m 时效果最差,预裂面很不平整。

溢洪道露天岩石爆破数值模拟印证了主爆区不同布孔参数(3.5 m×3.5 m、4 m×3.5 m)可以很好地破碎岩石,从数值模拟预裂爆破后呈现的预裂面,可以得出高边坡开挖面爆破孔距应控制在 0.85 m 左右。

3.4　主坝坝肩石方开挖爆破技术

3.4.1　工程概况

3.4.1.1　设计要求

主坝采用黏土心墙砂砾(卵)石坝,坝顶长 818.0 m,坝顶高程 423.50 m,坝顶设 1.2 m 钢筋混凝土防浪墙,墙顶高程 424.70 m,最大坝高 90.3 m。坝顶宽度 10.0 m,坝顶采用沥青混凝土路面。上游边坡坡度从上至下分别为 1:2、1:2.25、1:2.5,下游坝坡坡度从上至下均为 1:2.0。

1. 主坝左坝肩

(1)开挖范围:ZB0+000~ZB0+229,开挖高程 426.000~344.300 m。其中,ZB0+000~ZB0+071 为岩石,ZB0+071~ZB0+229 为坡积碎石土和洪积壤土、卵石。

(2)开挖要求:ZB0+000~ZB0+100,心墙范围内,底部开挖出一个宽度为 20 m,纵向坡度从 1:2.74~1:0.84 逐级变化的斜坡,开挖高程约 67 m;心墙下游侧,开挖出三级边坡,从开口到坡底的坡度依次为 1:0.5、1:1.0、1:0.5。

2. 主坝右坝肩

(1)开挖范围:ZB0+760~ZB0+818,高程 393.700~427.500 m。

(2)开挖要求:在主坝黏土心墙与山体接触范围内,开挖出宽度 20 m,底部纵向坡度为 1:0.674,两侧横向边坡为 1:0.75 的斜槽,槽长约 155 m,开挖高度约 87 m。黏土心墙上游侧山体开挖成两面斜坡,顶部高程为 423.000 m,坡脚处高程分别为 336.200 m、383.000 m 和 384.25 m,坡脚呈折线变化,开挖高度从 39 m 到 87 m 不等。

3.4.1.2　主要工程量

开挖石方量约为 27 万 m^3。

3.4.1.3　开挖特性

结合现场实际地形地貌,主坝左右坝肩石方开挖分别有如下特点:

(1)安全问题突出。本工程坝肩属高陡边坡开挖,开挖期间安全问题十分突出,集中体现在高空坠落、边坡危石、爆破飞石、高陡边坡自身稳定、上下层交叉作业等。

(2)出渣干扰。右坝肩开挖渣料主要靠"推渣下河,河床出渣"的方式,而在山体下面的河槽处,有主坝地基固结灌浆施工,因此爆破和出渣受影响很大。

3.4.1.4　工程地质及水文地质资料

　　1. 地形地貌

　　前坪水库坝址区地貌上位于侵蚀剥蚀低山区与丘陵区交接地带,左岸山顶最高约426.0 m,岸坡上部基岩裸露,坡度较陡,坡角 28°~40°;右岸山顶最高 427.50 m,岸坡为悬坡,基岩裸露。

　　2. 地层岩性

　　主坝左坝肩:桩号 0+000~0+071 段基岩裸露,为安山玢岩。桩号 0+071~0+110 为坡积碎石土,碎石含量 10%~40%,碎石大小 0.5~5 cm,层厚 1~2 m,呈松散状。下伏基岩主要为安山玢岩,分布在高程 366 m 以下。安山玢岩强度高,呈弱风化,为镶嵌碎裂结构,裂隙发育。

　　主坝右坝肩:顶部土质不均一,含有安山玢岩碎块,见有白色钙质结核,粒径一般 1~3 cm,含量自上而下渐多,底部富集成层。钻孔揭露厚度 1.0~5.9 m,层底高层 413.41~423.35 m。

　　整体上,坝址左右岸坝肩山体相对单薄。

　　3. 水文地质条件

　　钻孔地下水位观测资料表明,右坝肩地下水为基岩裂隙水,水位高于河床段地下水位及河水位,地下水年内变幅 8.1~8.4 m,年际变幅 7~17 m。

3.4.2　爆破试验

3.4.2.1　试验目的

　　(1)通过爆破试验以获取主坝坝肩石方开挖爆破最优爆破参数。

　　(2)为获取坝体可利用堆石料级配要求,选定合适的爆破参数,上坝堆石料要求:级配连续,最大粒径 600 mm,粒径小于 5 mm 含量不超过 25%,粒径小于 0.075 mm 含量不超过 5%。

3.4.2.2　爆破试验设计

　　1. 试验设计

　　(1)根据岩体部位、岩石特性、设计要求等现场实际情况,主坝坝肩采用浅孔爆破、预裂爆破综合运用的爆破方法,选定钻孔设备为 KG910B 型露天浅孔钻机,在上游围堰左岸坝 0+195~0+220 处进行爆破试验。

　　(2)浅孔爆破试验的参数:孔径 90 mm,孔深 $L=5$ m,底盘抵抗线 $W_1=1.5$ m,孔距 $a=3$ m,排距 2.5 m,堵塞长度 $L_1=1.5$ m,单位耗药量 $q=0.35$ kg/m³。

　　(3)边坡预裂爆破试验的参数:孔径 90 mm,孔深 $L=5$ m,孔距 $a=1$ m,线装药密度 260~300 g/m。

　　(4)试验区爆破参数起爆网络如图 3-34 所示。

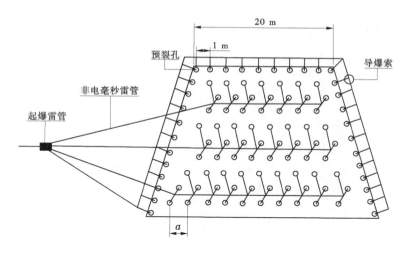

图 3-34　起爆网络

2. 试验区爆破料级配分析

爆破后,采用挖掘机在爆破料堆上部、中部、下部取样,进行筛分试验。在试验场地,对不同粒径石料称重,人工用筛网(孔径:100 mm、60 mm、40 mm、20 mm、10 mm、5 mm、2 mm、1 mm、0.5 mm、0.25 mm、0.1 mm、0.075 mm)进行筛分试验。筛分试验结果曲线见表 3-16、图 3-35。

表 3-16　筛分试验结果

不均匀系数 C_u	25.55					曲率系数 C_c				3.18			
土样名称	含细粒土砾					P_5 含量(%)				78.1			
筛孔尺寸(mm)	300	200	100	60	40	20	10	5	2	1	0.5	0.25	0.1	0.075
该粒径筛余百分数(%)	0	0	7.09	7.88	11.68	12.86	17.94	20.68	6.06	4.16	3.65	2.64	3.13	1.56
小于该孔径的土质量百分数(%)	100	100	92.91	85.04	73.36	60.50	42.56	21.88	15.82	11.66	8.02	5.37	2.24	0.68

根据试爆现场和筛分试验情况看,爆破后爆堆相对集中,级配良好且连续,小于0.075 mm 粒径含量<5%,小于 5 mm 粒径含量<25%,最大粒径不超过 600 mm,从而保证爆破料满足上坝料颗粒粒径的设计要求。

3.4.2.3　边坡预裂过程及结果分析

预裂爆破采用孔内导爆索导爆,孔外与网路串联,网络安全性好,开挖面经挖掘机开挖后,表面平整,无超挖和欠挖,半孔率高,边坡无明显裂隙。同时,浅孔梯段采用毫秒导爆管和非电毫秒雷管,网络安全性好,起爆规模受一定的限制,但爆破对周边山体及边坡稳定影响小。

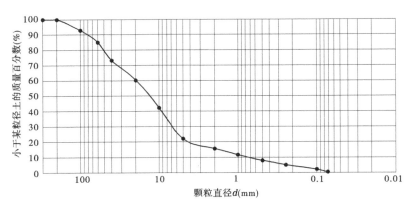

图 3-35　浅孔爆破筛分试验结果曲线

3.5　输水洞明挖爆破技术

3.5.1　输水洞工程概况

前坪水库输水洞枢纽布置在主坝右侧,包括进水引渠段、进水塔段、洞身段、压力钢管段、电站锥阀段、尾水池段、退水闸灌溉闸段、尾水渠等部分。进口洞洞底高程为 361.0 m,进水塔采用分层取水形式,洞身段采用有压圆形隧洞,后通过压力钢管连接锥阀和电站,电站安装 3 台机组。电站尾水池后建灌溉节制闸和退水闸,灌溉节制闸为箱形结构,两孔,每孔净宽度为 3.0 m;退水闸为箱形结构,单孔,孔净宽为 3.5 m。输水洞总长约 338.0 m,其中进水引渠段长约 41.0 m,进水塔段长 22.0 m,洞身段长约 275.0 m。工作闸门和事故检修闸门均采用平面定轮钢闸门,分别配备 4 台液压启闭机和 1 台高扬程固定卷扬式启闭机。

输水洞明挖施工内容包括:上游引渠段石方明挖、进水塔段石方明挖、出口压力钢管段土石方明挖、电站段土石方明挖、阀室及消力池段土石方明挖、尾水池段土方明挖、退水闸及灌溉闸土方明挖。

合同工程量为:石方明挖 12.54 万 m³,洞挖工程量约为 6 358 m³。

3.5.2　输水洞明挖爆破试验设计及试验结论

3.5.2.1　输水洞明挖爆破试验设计

1. 总体思路

根据项目部上报的工艺试验方案,爆破试验共分为 3 个试验区,爆破试验区分布图如图 3-36 所示。

项目部于 2017 年 8 月 24~30 日,进行试验 I 区爆破试验;2017 年 9 月 1~7 日,进行试验 II 区爆破试验;2017 年 9 月 7~15 日,进行试验 III 区爆破试验。

每次爆破试验完成后,项目部立即组织相关人员进行爆破参数整理及汇总,待爆破试验完成后,将试验结果报告统一汇总上报。

图 3-36　爆破试验区分布

2. 爆破试验设计

1) 爆破设计

根据本标段实际情况,石方明挖钻孔采用古河 HCR1200 液压钻机进行施工,钻孔直径为 90 mm,故炮孔直径为 90 mm,药卷直径采用 32 mm 的乳化炸药。采用台阶式分层钻爆开挖,以设计施工图纸的边坡台阶高度为一个爆破开挖高度形成爆破区域,主爆孔采用梅花形布孔,沿开口线上布置一排预裂孔,并在底板上留 1 m 厚保护层。待上层台阶开挖到一定宽度后,再开辟下一层台阶作为新工作面。具体施工方法是:先用挖掘机揭去覆盖层,再钻爆岩石。边坡开挖采用预裂爆破法,先预裂成缝,再进行台阶深孔爆破,距建基面一定厚度(1 m)的预留保护层,采用小孔径一次爆破保护层。

台阶爆破的爆破参数主要包括台阶高度、底盘抵抗线、孔径、孔间排距、孔深、炸药单耗值、堵塞长度等。

(1)炮孔直径 D。根据现有的古河 HCR1200 液压钻机械设备,钻孔直径 $D = 90$ mm。

(2)底盘抵抗线 W。根据经验数据选取,一般选择抵抗线与孔径的比值来确定,水利水电工程根据经验公式 $W/D = 25 \sim 35$ 来选取比值。

本工程选取 $W/D = 30$,则 $W = 30D = 30 \times 0.09 = 2.7$(m)。

坚硬岩石取小值,风化严重岩石取大值。

(3)炮孔孔深

$$L = H + \Delta h \qquad (3-5)$$

式中:H 为台阶高度;Δh 为超深。

根据施工图纸可知:$H = 14$ m,超深 $\Delta h = (0.15 \sim 0.35)W$,试验时取 0.2,因此 $\Delta h = 0.2 \times 2.7 = 0.54$(m),故炮孔深度 $L = 14 + 0.54 = 14.54$(m),取 14.5 m。

(4)孔距 a 和排距 b。

A. 主爆孔。

孔距:常规松动爆破孔距是抵抗线的 1~2 倍,根据本工程特点及爆破经验,试验时选取 1 倍,则 $a = 1W = 1 \times 2.7 = 2.7$(m),本次爆破试验分别取 2.5 m、2.7 m、3.0 m。

排距:$b = ma$,一般 $m = 0.8 \sim 1.4$,试验时取 1,则 $b = a = 2.7$ m,本次爆破试验分别取

2.5 m、2.7 m、3 m。

　　B. 缓冲孔。

　　根据经验数据,缓冲孔间距 $25D=25×0.09=2.25(m)$,取 2.3 m,则缓冲孔间排距为 2.3 m,排距 $b=a$,本次爆破试验间排距分别取 2.1 m、2.3 m、2.5 m。

　　C. 预裂孔。

　　根据经验数据,预裂孔间距 $30d=30×0.032=0.96$ m,取 1 m(d 为药卷直径),本次爆破试验分别取 0.8 m、1.0 m、1.2 m。

　　(5)炸药单耗值。本工程石方开挖爆破区域围岩类别以Ⅲ类围岩为主,根据以往爆破经验,炸药单耗值一般为 $0.3\sim1.0$ kg/m³,炸药单耗值为确定爆破效果的重要因素,爆破试验时主爆孔分别选取 0.34 kg/m³、0.38 kg/m³、0.42 kg/m³;预裂孔线装药密度根据经验,一般为 $250\sim400$ g/m,预裂孔试验时线装药密度分别选取 330 g/m、350 g/m、370 g/m。

　　(6)堵塞长度。主爆孔一般取 $(0.8\sim1.0)W$,试验时取 $L_{堵}=1W=1×2.7=2.7(m)$,本次爆破试验分别取 2.5 m、2.7 m、3.0 m;预裂孔一般取 $40d=40×0.032=1.28(m)$,取 1.3 m(d 为药卷直径),本次爆破试验分别取 1.0 m、1.3 m、1.5 m。

　　2)爆区设计参数

　　爆区设计参数分别见表 3-17～表 3-19。

表 3-17　爆破试验Ⅰ区设计参数

序号	炮孔名称	炮孔直径 (mm)	孔深 (m)	孔距 (m)	排距 (m)	堵塞长度 (m)	装药单耗值 (kg/m³)	线装药密度 (g/m)
1	主爆孔	90	14.5	2.5	2.5	2.5	0.34	—
2	缓冲孔	90	14.5	2.1	2.1	2.5	0.34	—
3	预裂孔	90	14.5	0.8	—	1.0	—	330

表 3-18　爆破试验Ⅱ区设计参数

序号	炮孔名称	炮孔直径 (mm)	孔深 (m)	孔距 (m)	排距 (m)	堵塞长度 (m)	装药单耗值 (kg/m³)	线装药密度 (g/m)
1	主爆孔	90	14.5	2.7	2.7	2.7	0.38	—
2	缓冲孔	90	14.5	2.3	2.3	2.7	0.38	—
3	预裂孔	90	14.5	1.0	—	1.3	—	350

表 3-19　爆破试验Ⅲ区设计参数

序号	炮孔名称	炮孔直径 (mm)	孔深 (m)	孔距 (m)	排距 (m)	堵塞长度 (m)	装药单耗值 (kg/m³)	线装药密度 (g/m)
1	主爆孔	90	14.5	3.0	3.0	3.0	0.42	—
2	缓冲孔	90	14.5	2.5	2.5	3.0	0.42	—
3	预裂孔	90	14.5	1.2	—	1.5	—	370

3.爆破主要施工方法

1)爆破试验施工流程

参数设计→测量放样→技术交底→钻机就位→钻孔→验孔检查→装药联网→爆破→爆效检查→场地清理→下一次试验。

(1)测量放样。

由具有相应资质的专业测量人员,按照爆破试验设计进行测量放样。凡周边孔均需测量放线,保证各孔开孔偏差小于 20 mm(不允许欠挖),钻孔深度误差控制在±5 cm 以内。钻孔偏斜度控制在 10 mm/m 以内,且不允许欠挖。非周边孔根据钻爆设计爆破参数布孔,开孔偏差±5 cm,且不允许欠挖。

(2)钻孔。

按作业指导书要求,安排钻机在测量放样点位置就位钻孔,钻进过程中,随时对钻孔深度和偏斜进行检测,以便及时纠偏。钻孔后进行孔口保护、警示。

(3)装药起爆。

各钻孔验收合格后,进行装药,其中预裂孔采用不耦合装药,所有爆孔均选用 ϕ32 mm 硝铵炸药,预裂孔采用导爆索串联,主爆孔采用导爆管并联;起爆网络均采用非电导爆系统。

爆前必须认真检查,确定施工无误且安全措施就位后,方可起爆。爆破后主要检查预裂爆破的预裂缝宽度,松动爆破的爆堆岩石块度及挖装效率,飞石大小及距离。可采取钻屑或黄泥堵塞,堵塞时适当捣实,确保堵塞长度,防止产生过量飞石。

2)爆破安全

对于在有安全防护要求的堤防爆破,可以根据被保护物体的防护要求采取措施。对个别飞石的防护,可以采用控制技术措施加以处理,或在被防护物体上加盖遮挡板等来处理。对有防震要求的地方,可以采用减轻爆破振速措施(如减震沟)等,限制最大一响起爆药量来加以解决,并配爆破振动监测仪进行振速监测,确保安全。

本次爆破试验区在出口,爆破对建筑物影响主要有爆破振动冲击波和飞石掷损。由于深孔梯段爆破装药量较大,考虑飞石爆破振动影响。必须验算安全距离情况下,最大一段爆破允许安全药量和爆破飞石的影响安全距离。

(1)最大一段爆破允许安全药量 $Q_{安全}$ 计算。

下游出口爆破区距右侧被保护的 35 kV 变电站最近斜距 R_1 为 40 m,左侧距导流洞出口最近,斜距 $R_2 = 30$ m,分别验算最大一段允许安全药量 $Q_{安全}$。由最大一段允许安全药量公式计算得

$$Q_{安全} = \left[R(V/K)^{1/a} \right]^3 \qquad (3\text{-}6)$$

①下游出口爆破区距右侧被保护的 35 kV 变电站的允许安全药量 $Q_{安全1}$ 的计算式为

$$Q_{安全1} = \left[R_1(V_1/K_1)^{1/a_1} \right]^3 \qquad (3\text{-}7)$$

式中:R_1 为爆破安全允许距离,m,$R_1 = 40$ m(爆区至变电站距离);$Q_{安全1}$ 为炸药量,延时爆破为最大一段药量,kg;V_1 为保护对象所在地质震动安全允许速度,cm/s,$V_1 = 2$ cm/s;K_1、a_1 为与爆破点至计算保护对象间的地形、地质条件有关系数和衰减指数,按《爆破安全规程》(GB 6722)取 $K_1 = 150$,$a_1 = 1.8$。

最大一段允许安全药量 $Q_{安全1} = [R_1(V_1/K_1)^{1/a_1}]^3 = 40^3 \times (2/150)^{3/1.8} = 47.3 (\text{kg})$。

即下游出口爆破区距右侧被保护的 35 kV 变电站的允许安全药量应小于或等于 $Q_{安全1} = 47.3$ kg 的允许安全药量。

②下游出口爆破区距左侧距导流洞出口的允许安全药量 $Q_{安全2}$ 的计算式为

$$Q_{安全2} = [R_2(V_2/K_2)^{1/a_2}]^3 \tag{3-8}$$

式中: R_2 为爆破安全允许距离, m, $R_2 = 30$ m(爆区至导流洞距离); $Q_{安全2}$ 为炸药量, 延时爆破为最大一段药量, kg; V_2 为保护对象所在地质震动安全允许速度, cm/s, $V_2 = 8$ cm/s; K_2、a_2 为与爆破点至计算保护对象间的地形、地质条件有关系数和衰减指数, 按《爆破安全规程》(GB 6722)取 $K_2 = 150$, $a_2 = 1.8$。

最大一段允许安全药量 $Q_{安全2} = [R_2(V_2/K_2)^{1/a_2}]^3 = 30^3 \times (8/150)^{3/1.8} = 202 (\text{kg})$。

即下游出口爆破区距左侧导流洞的允许安全药量应小于或等于 $Q_{安全2} = 202$ kg 的允许安全药量。

经以上计算分析, 输水洞出口段爆破时, 左右侧爆区均采用小于或等于 $Q_{安全1}$ 的允许安全药量 47.3 kg。另外, 在输水洞出口进行爆破作业时, 起爆时将 35 kV 变电站停电, 起爆后再把恢复供电, 以防出现事故。

(2)爆破飞石控制。

根据爆破安全规程规定, 深孔爆破时飞石控制区为 300 m, 为安全起见, 爆破时爆破区域警戒范围扩大至 350 m, 能满足安全要求。

3.5.2.2 明挖爆破试验结论

1. 爆破试验成果分析

根据爆破试验区的三次爆破, Ⅰ区爆破渣料粒径较大, 且爆破区内欠挖现象较为严重, 需二次补爆, 不能满足施工需求。Ⅱ区效果良好, 未出现欠挖现象, 渣料粒径均匀, 符合设计及规范要求, 满足施工需求。Ⅲ区爆破效果一般, 爆破区超挖现象较为严重。

2. 爆破试验成果汇总

根据爆破试验, 最终确定最优爆破参数如表 3-20 所示。

表 3-20 最优爆破参数

序号	炮孔名称	炮孔直径 (mm)	孔深 (m)	孔距 (m)	排距 (m)	堵塞长度 (m)	炸药单耗值 (kg/m³)	线装药密度 (g/m)
1	主爆孔	90	14.5	2.7	2.7	2.7	0.38	—
2	缓冲孔	90	14.5	2.3	2.3	2.7	0.38	—
3	预裂孔	90	14.5	1	—	1.3	—	350

通过爆破试验, 本标段投入的人员、设备均能满足施工需求, 待上下台阶同时施工时, 需增加相应的施工人员及设备。

第 4 章 洞挖爆破技术研究

4.1 导流洞上断面爆破技术

4.1.1 导流洞上断面爆破试验设计及试验结论

4.1.1.1 试验总体安排

根据导流洞的五个组成部分,该标段包括石方明挖与洞挖两部分内容。导流洞断面较大,采用断面分部开挖法。先进行上断面爆破开挖施工,待进入洞身 80 m 左右开始进行上、下断面交替施工。在上、下断面进行爆破施工时,首先进行爆破试验,拟定上断面爆破试验在 12 月月底进行,爆破试验安排见表 4-1。

表 4-1 导流洞爆破试验安排

序号	爆破试验名称	区号	桩号	试验时间	备注
1	上断面试验区	II	导 0+304~0+316	2015-12-25~2015-12-30	

4.1.1.2 试验方案

本洞挖爆破试验为上断面开挖爆破试验。开挖断面宽度 $B = 8.6$ m(其他断面时可对以后的参数略有变动),上层洞高 5.8 m,其中圆弧段拱高 2.6 m,直墙段墙高 3.2 m。

采用 YT28 气腿式风钻机,钻孔直径 $D = 40$ mm,掏槽孔与工作面夹角 $\theta_c = 67°$。除掏槽孔外,所有炮孔均基本垂直于掌子面,水平钻孔。采用药卷直径 $d = 32$ mm 的 $2^\#$ 岩石乳化炸药。周边光爆孔采用药卷直径为 23 mm 的 $2^\#$ 岩石乳化炸药。起爆网络雷管采用非电毫秒延期雷管和导爆索组成非电起爆网络,所有爆孔堵塞材料均采用半干黄土或就近采用岩粉堵塞。

1. 炮孔布置

1)掏槽孔

导流洞掌子面只有一个自由面,爆破条件较差,为了提高爆破效率,就要创造第二个自由面,在工作面中下部布置倾斜楔形的掏槽孔。掏槽孔爆破时要首先起爆,抛出石渣,这样就在工作面中形成一个槽口,也即开创了第二个自由面,为其余炮孔爆破创造有利条件。掏槽孔呈水平对称布置 3 排(详见图 4-1),掏槽孔与工作面夹角 $\theta_c = 67°$ 左右,同排两个掏槽孔孔底间距 $a_{cd} = 0.2$ m,上下相邻两排炮孔间距 $a_c = 12D = 12×0.04 = 48$(cm),取 50 cm。

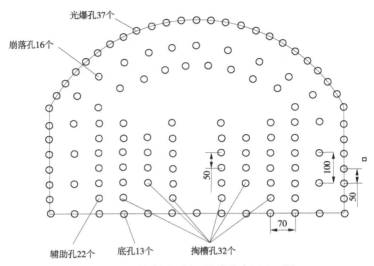

(a)导流洞上层开挖炮孔布置立面图

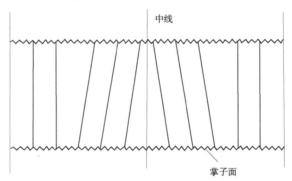

(b)导流洞上层开挖炮孔剖面图

图 4-1　导流洞上层开挖炮孔布置示意图　（单位:cm）

2）辅助孔

辅助孔是为了进一步扩大掏槽孔的空腔体积而布置的炮孔,即二圈孔,炮孔角度大致垂直于工作面。辅助孔间距 $a_f = 20D = 20 \times 4 = 80$（cm）。

3）崩落孔

当辅助孔进一步扩大掏槽体积后,形成了较好的第二个自由面,这时爆破即可按正常的崩落法去爆破岩体。崩落孔间距 $a_b = 25D = 25 \times 0.04 = 1$（m）。

4）底孔间距

为避免欠挖,清除底坎,增加底孔的装药量,按 $\phi32$ mm 药卷连续装药,底孔间距 $a_d = 18D = 18 \times 4 = 72$（cm）,取 70 cm。

5) 光爆孔

光爆孔也即周边光爆孔，采用的是光面爆破施工技术，在两边墙及拱顶进行钻孔爆破，它可以提高保留岩体的平整度，保护围岩少受爆破破坏的影响。周边光爆孔间距 $a_g = 13D = 13 \times 4 = 52(cm)$，根据规范要求，光爆孔孔距不大于 50 cm，因此光爆孔间距取 50 cm，光爆面爆破的最小抵抗线 $W_g = 1.4a_g = 1.4 \times 50 = 70(cm)$。

6) 炮孔深度

根据以往爆破经验，炮孔深度一般取开挖断面的 1/3，因此炮孔深度 $L = 1/3 \times 8.6$ m $= 2.8(m)$，掏槽孔比其他炮孔深 0.2 m，掏槽孔长度 $L_s = (L+0.2)/\sin\theta = 3.5(m)$。

控制爆破效果主要参数取决于装药系数，因此本次爆破试验采取控制装药系数来控制爆破效果。根据开挖断面计算，拱顶拱高 2.6 m，直墙段高度为 3.2 m，开挖宽度为 8.6 m，开挖面积为 48.41 m²。炮孔个数 N 由下式计算：

$$N = qS/(\gamma\eta) \tag{4-1}$$

式中：q 为炸药单耗值，kg/m³，$q = 1.44$ kg/m³（暂定）；S 为开挖断面面积，m²，$S = 48.41$ m²；γ 为线装药密度，kg/m，取 0.78 kg/m；η 为炮孔装药系数，取平均值为 0.75。

将有关数据代入式（4-1），则得

$N = qS/(\gamma\eta) = 1.44 \times 48.41/(0.78 \times 0.75) = 120(个)$

掏槽孔 32 个，辅助孔 22 个，崩落孔 16 个，底孔 13 个，光爆孔 37 个。

炮眼布置要求，先布置掏槽孔、周边光爆孔，然后布置底板孔、辅助扩大孔，最后布置崩落孔。炮孔布置示意图如图 4-1 所示。

2. 试验区布置

上断面爆破采用光面爆破施工工艺进行爆破施工，爆破试验暂定三个区，分别为爆破试验 Ⅱ-1 区、Ⅱ-2 区、Ⅱ-3 区，爆破试验采用控制炸药单耗值改变爆破效果的方法进行确定爆破参数。此标段洞挖岩石为 Ⅲ 类和 Ⅳ 类，参考岩石特性、断面尺寸、炮孔直径、孔深等因素并结合以往类似工程经验，对炸药单耗值、装药系数和线装药密度进行调整，待爆破试验完成后确定试验参数。试验区爆破参数及装药参数如表 4-2～表 4-5 所示。

表 4-2　爆破试验 Ⅱ-1 区爆破参数

序号	炮孔类型	炮孔个数	炮孔深度（m）	炮孔直径（mm）	炮孔间距（cm）	炸药单耗值（kg/m³）	装药系数
1	掏槽孔	32	3.5	40	50	1.37	0.81
2	辅助孔	22	2.8	40	80	1.37	0.71
3	崩落孔	16	2.8	40	100	1.37	0.67
4	底孔	13	2.8	40	70	1.37	0.74
5	光爆孔	37	2.8	40	50	1.37	0.78

表 4-3　爆破试验 Ⅱ-2 区爆破参数

序号	炮孔类型	炮孔个数	炮孔深度（m）	炮孔直径（mm）	炮孔间距（cm）	炸药单耗值（kg/m³）	装药系数
1	掏槽孔	32	3.5	40	50	1.44	0.85
2	辅助孔	22	2.8	40	80	1.44	0.75
3	崩落孔	16	2.8	40	100	1.44	0.70
4	底孔	13	2.8	40	70	1.44	0.78
5	光爆孔	37	2.8	40	50	1.44	0.82

表 4-4　爆破试验 Ⅱ-1 区装药统计

序号	炮孔类型	线装药密度（kg/m）	装药系数	单孔装药（kg/孔）	堵塞长度（m）	总装药量（kg）
1	掏槽孔	0.91	0.81	2.58	0.67	82.56
2	辅助孔	0.91	0.71	1.81	0.81	39.80
3	崩落孔	0.91	0.67	1.71	0.92	27.31
4	底孔	0.91	0.74	1.89	0.73	24.51
5	光爆孔	0.48	0.78	1.05	0.62	38.79
合计						212.97

表 4-5　爆破试验 Ⅱ-2 区装药统计

序号	炮孔类型	线装药密度（kg/m）	装药系数	单孔装药（kg/孔）	堵塞长度（m）	总装药量（kg）
1	掏槽孔	0.91	0.85	2.71	0.52	86.63
2	辅助孔	0.91	0.75	1.91	0.70	42.04
3	崩落孔	0.91	0.70	1.78	0.84	28.54
4	底孔	0.91	0.78	1.99	0.60	25.84
5	光爆孔	0.48	0.82	1.10	0.50	40.78
合计						223.83

爆破试验布孔、起爆网络、爆后堆渣及壁面效果见图 4-2~图 4-5。

4.1.1.3　试验结论

根据爆破 Ⅱ 区爆破试验,爆破试验 Ⅱ-1 区,爆破渣料较大,且爆破欠挖现象较为严重,如临边、挂口等。爆破试验 Ⅱ-2 区效果良好,未出现欠挖现象,超挖在 10 cm 以内,爆破渣料均匀,符合设计及规范要求,能满足施工需求。不再进行爆破 Ⅱ-3 区试验。

因此,推荐爆破采用爆破试验 Ⅱ-2 区的炸药单耗值 1.44 kg/m³、布孔参数及装药参

图 4-2　导流洞上断面钻孔图

图 4-3　导流洞上断面起爆网络

图 4-4　导流洞上断面爆后爆渣堆积情况

图 4-5　导流洞上断面光爆后的岩面

数。布孔参数:掏槽孔炮孔深度 3.5 m,炮孔直径 40 mm,炮孔间距 50 cm;辅助孔炮孔深度 2.8 m,炮孔直径 40 mm,炮孔间距 80 cm;崩落孔炮孔深度 2.8 m,炮孔直径 40 mm,炮孔间距 100 cm;底孔炮孔深度 2.8 m,炮孔直径 40 mm,炮孔间距 70 cm;光爆孔炮孔深度 2.8 m,炮孔直径 40 mm,炮孔间距 50 cm。装药参数:掏槽孔线装药密度 0.91 kg/m,装药系数 0.85,单孔装药 2.71 kg/孔,堵塞长度 0.52 m,总装药量 86.63 kg;辅助孔线装药密度 0.91 kg/m,装药系数 0.75,单孔装药 1.91 kg/孔,堵塞长度 0.7 m,总装药量 42.04 kg;崩落孔线装药密度 0.91 kg/m,装药系数 0.7,单孔装药 1.78 kg/孔,堵塞长度 0.84 m,总装药量 28.54 kg;底孔线装药密度 0.91 kg/m,装药系数 0.78,单孔装药 1.99 kg/孔,堵塞长度 0.6 m,总装药量 25.84 kg;光爆孔线装药密度 0.48 kg/m,装药系数 0.82,单孔装药 1.10 kg/孔,堵塞长度 0.5 m,总装药量 40.78 kg。

4.1.2　导流洞上断面爆破数值模拟

导流洞上断面有限元模型包含两种材料,岩石和乳化炸药,实体单元均采用 Solid164 三维实体单元,岩石采用 *MAT_PLASTIC_KINEMATIC 模型。其材料参数如表 3-5 所示,乳化炸药采用 *MAT_HIGH_EXPLOSIVE_BURN 和状态方程 *EOS_JWL 来模拟,其材料参数如表 3-6 所示。根据工程实际爆破情况取高度 9 m、宽度 11 m、纵深 4 m 的长方体为建模尺寸并施加无反射边界共划分 136 752 个单元,其中乳化炸药单元分为掏槽孔单元 450 个,辅助孔单元 180 个,崩落孔单元 180 个,光爆孔单元 360 个。图 4-6 为按照实际爆破方案(爆破试验Ⅱ-2 区爆破参数)布置导流洞有限元模型。

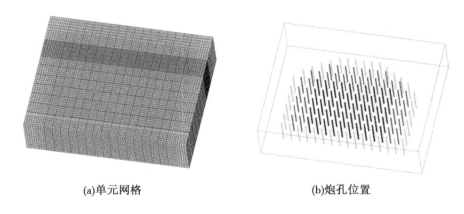

(a)单元网格　　　　　　　　　　　(b)炮孔位置

图 4-6　单元网格及炮孔位置

　　导流洞爆破过程数值模拟:该过程按照中心掏槽爆破—辅助孔爆破—崩落孔爆破—光爆孔爆破的顺序进行,如图 4-7~图 4-10 所示。

时间 t =0.00 047 549 s
最大主应力等值面
最小值=−7.404 94e+08,位于单元125 031
最大值=2.570 28e+07,位于单元12 454

最大主应力
2.570e+07
−5.092e+07
−1.275e+08
−2.042e+08
−2.808e+08
−3.574e+08
−4.340e+08
−5.106e+08
−5.873e+08
−6.639e+08
−7.405e+08

时间 t =0.000 475 49 s
最大主应力等值线
最小值=−3.966 55e+08,位于单元24 038
最大值=2.570 28e+07,位于单元12 454
截面最小值=−2.008 7e+08,位于结点91 751附近
截面最大值=7.103 86e+06,位于结点13 191附近

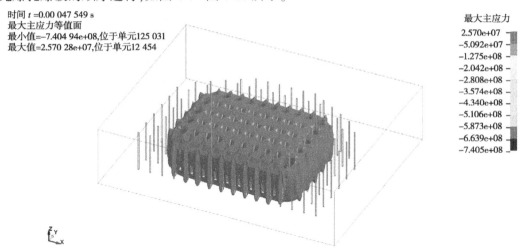

最大主应力
2.570e+07
−1.653e+07
−5.877e+07
−1.010e+08
−1.432e+08
−1.855e+08
−2.277e+08
−2.699e+08
−3.122e+08
−3.544e+08
−3.967e+08

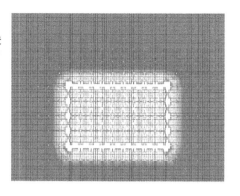

图 4-7　掏槽爆破及最大主应力云图　(单位:Pa)

时间 t =0.000 835 79 s
最大主应力等值面
最小值=−1.033 85e+09,位于单元118 630
最大值=2.586 52e+07,位于单元41 686

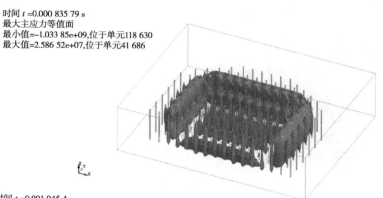

最大主应力

2.587e+07
−8.011e+07
−1.861e+08
−2.920e+08
−3.980e+08
−5.040e+08
−6.100e+08
−7.159e+08
−8.219e+08
−9.279e+08
−1.034e+09

时间 t =0.001 045 4s
最大主应力等值线
最小值=−5.000 4e+08,位于单元64 419
最大值=2.587 32e+07,位于单元24 986
截面最小值=−2.059 7e+08,位于结点130 034附近
截面最大值=8.101 27e+06,位于结点86 067附近

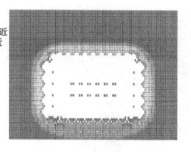

最大主应力

2.587e+07
−2.672e+07
−7.931e+07
−1.319e+08
−1.845e+08
−2.371e+08
−2.897e+08
−3.423e+08
−3.949e+08
−4.474e+08
−5.000e+08

图 4-8　辅助爆破及最大主应力云图　（单位：Pa）

时间 t =0.001 462 5 s
最大主应力等值面
最小值=−4.502 17e+08,位于单元76 418
最大值=2.583 23e+07,位于单元113 216

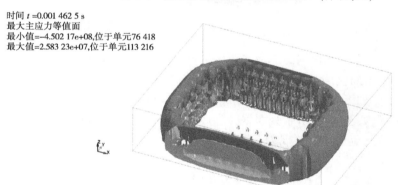

最大主应力

2.583e+07
−2.177e+07
−6.938e+07
−1.170e+08
−1.646e+08
−2.122e+08
−2.598e+08
−3.074e+08
−3.550e+08
−4.026e+08
−4.502e+08

时间 t =0.001 831 8 s
最大主应力等值线
最小值=−3.266 9e+08,位于单元76 075
最大值=2.587 71e+07,位于单元57 481
截面最小值=−1.488 42e+08,位于结点40 640附近
截面最大值=1.401 36e+07,位于结点112 115附近

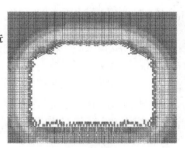

最大主应力

2.588e+07
−9.380e+06
−4.464e+07
−7.989e+07
−1.151e+08
−1.504e+08
−1.857e+08
−2.209e+08
−2.562e+08
−2.914e+08
−3.267e+08

图 4-9　崩落爆破及最大主应力云图　（单位：Pa）

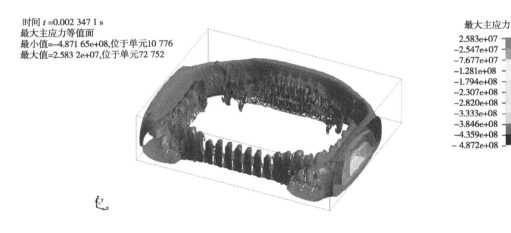

时间 t =0.002 347 1 s
最大主应力等值面
最小值=-4.871 65e+08,位于单元10 776
最大值=2.583 2e+07,位于单元72 752

最大主应力
2.583e+07
-2.547e+07
-7.677e+07
-1.281e+08
-1.794e+08
-2.307e+08
-2.820e+08
-3.333e+08
-3.846e+08
-4.359e+08
-4.872e+08

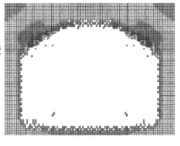

时间 t =0.002 848 1 s
最大主应力等值线
最小值=-1.615 6e+08,位于单元117 490
最大值=2.586 42e+07,位于单元10 860
截面最小值=-1.181 83e+08,位于结点34 531附近
截面最大值=1.650 72e+07,位于结点119 737附近

最大主应力
2.586e+07
7.122e+06
-1.162e+07
-3.036e+07
-4.911e+07
-6.785e+07
-8.659e+07
-1.053e+08
-1.241e+08
-1.428e+08
-1.616e+08

图 4-10　光爆爆破及最大主应力云图　（单位：Pa）

从图 4-7 可以看出,中心掏槽爆破形成了比较好的临空面,为后面的辅助爆破提供了很好的自由面,其中中间区域与岩石主体分开的单元是没有达到破碎标准的碎石,但是已经同主体脱落开来。如图 4-8 所示的辅助孔爆破及图 4-9 所示的崩落孔爆破为主体岩石逐层破碎,逐层脱落,如图 4-10 所示光爆爆破和底孔爆破,光爆孔形成了很好的门洞形壁面,底孔爆破很好地避免了欠挖的现象。

4.2　导流洞下断面爆破技术

4.2.1　导流洞下断面爆破试验设计及试验结论

4.2.1.1　试验总体安排

根据导流洞的五个组成部分,该标段包括石方明挖与洞挖两部分内容。导流洞断面较大,采用断面分部开挖法。导流洞洞挖施工共分为两个断面,即上断面和下断面。先进行上断面爆破开挖施工,待进入洞身 80 m 左右再开始进行上、下断面交替施工。在上、下断面进行爆破施工时,首先进行爆破试验,下断面爆破试验在 2016 年 2 月进行。爆破试验安排见表 4-6。

4.2.1.2　试验方案

本次洞挖爆破试验为下台阶开挖爆破试验区。开挖断面宽度 B =8.6 m(其他断面时可对以后的参数略有变动),下台阶开挖高度 5.6 m 左右。

表 4-6　导流洞爆破试验安排

序号	爆破试验名称	区号	桩号	试验时间(年-月-日)	备注
1	下断面试验区	Ⅲ	导 0+291~0+310	2016-02-21~2016-02-23	

采用 VT2 气腿式风钻机,钻孔直径 $D=40$ mm,水平钻孔垂直于工作面。崩落孔及底板孔采用 2# 岩石粉状乳化炸药,药卷直径 $d=32$ mm。周边光爆孔炸药采用小直径 2# 岩石乳化炸药,药卷直径 $\varphi=22$ mm。起爆网络雷管采用非电毫秒延期雷管和导爆索组成的非电起爆网络,所有爆孔堵塞材料均采用半干黄土或就近采用岩粉堵塞。

1. 炮孔布置

1)崩落孔

利用上断面开挖后底板形成的临空面一次爆破成型,崩落孔按等间距布置,最上面第一排崩落孔距临空面距离为最小抵抗线:$W=35D=35×0.04=1.4$(m);排距 $b=0.75W=0.75×1.4=1.05$(m),取 1.05 m,孔距也为 1.05 m。

2)光爆孔

周边光爆孔是采用光面爆破技术施工在两边墙及拱顶进行爆破,可以提高保留岩体的平整度,保护围岩少受爆破破坏的影响。孔间距 $a=13D=13×4=52$(cm),根据规范要求,光爆孔孔距不大于 50 cm,因此光爆孔间距取 50 cm,炮孔深度同崩落孔。光爆面爆破的最小抵抗线 $W=1.4a=1.4×50=70$(cm)。

3)底孔

为避免欠挖,清除底坎,增加底孔的装药量,按 φ32 mm 药卷连续装药,底孔间距 $a=18D=18×4=72$(cm),取 70 cm。

炮孔布置图如图 4-11 所示。

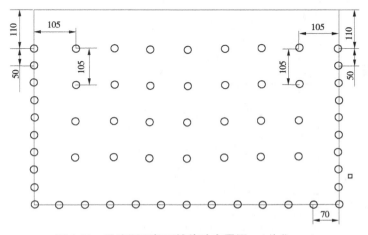

图 4-11　导流洞下部开挖炮孔布置图　(单位:cm)

2. 试验区布置

该标段采用光面爆破施工工艺进行爆破施工,爆破试验暂定三个区,分别为爆破试验Ⅲ-1区、Ⅲ-2区、Ⅲ-3区,爆破试验采用控制炸药单耗值改变爆破效果的方法确定爆破参数。此标段洞挖岩石为Ⅲ类和Ⅳ类岩石,参考岩石特性、断面尺寸、炮孔直径、孔深等因素和以往的经验,对炸药单耗值、装药系数和线装药密度进行调整,待爆破试验完成后确定试验参数。试验区爆破参数及装药参数如表4-7～表4-11所示。

表4-7　爆破试验Ⅲ-1区

序号	炮孔类型	炮孔深度 (m)	炮孔直径 (mm)	炮孔间距 (cm)	炸药单耗值 (kg/m³)	装药系数	线装药密度 (kg/m)
1	崩落孔	3.5	40	105	0.5	0.67	0.91
2	底孔	3.5	40	70	0.5	0.74	0.91
3	光爆孔	3.5	40	50	0.5	0.79	0.48

表4-8　爆破试验Ⅲ-2区

序号	炮孔类型	炮孔深度 (m)	炮孔直径 (mm)	炮孔间距 (cm)	炸药单耗值 (kg/m³)	装药系数	线装药密度 (kg/m)
1	崩落孔	3.5	40	105	0.54	0.70	0.91
2	底孔	3.5	40	70	0.54	0.78	0.91
3	光爆孔	3.5	40	50	0.54	0.82	0.48

表4-9　爆破试验Ⅲ-3区

序号	炮孔类型	炮孔深度 (m)	炮孔直径 (mm)	炮孔间距 (cm)	炸药单耗值 (kg/m³)	装药系数	线装药密度 (kg/m)
1	崩落孔	3.5	40	105	0.58	0.74	0.91
2	底孔	3.5	40	70	0.58	0.82	0.91
3	光爆孔	3.5	40	50	0.58	0.86	0.48

表4-10　爆破试验Ⅲ-1区装药统计

序号	炮孔类型	线装药密度 (kg/m)	装药系数	单孔装药 (kg/孔)	堵塞长度 (m)	总装药量 (kg)
1	崩落孔(28个)	0.91	0.67	2.13	1.16	59.64
2	底孔(9个)	0.91	0.74	2.35	0.91	21.21
3	光爆孔(18个)	0.48	0.79	1.32	0.74	23.88
合计						104.73

表 4-11　爆破试验Ⅲ-2 区装药统计

序号	炮孔类型	线装药密度 （kg/m）	装药系数	单孔装药 （kg/孔）	堵塞长度 （m）	总装药量 （kg）
1	崩落孔（28 个）	0.91	0.70	2.23	1.05	62.42
2	底孔（13 个）	0.91	0.78	2.48	0.77	32.30
3	光爆孔（18 个）	0.48	0.82	1.38	0.63	24.80
合计						119.52

通过此次爆破，爆破效果已达到设计要求，因此不再进行爆破Ⅲ-3 区试验，爆破Ⅲ-2 区爆破参数为施工爆破参数。

4.2.1.3　试验结论

根据爆破Ⅲ区爆破试验，爆破试验Ⅱ-1 区，爆破渣料较大，且爆破欠挖现象较为严重，如临边、挂口等。爆破试验Ⅲ-2 区效果良好，未出现欠挖现象，超挖在 10 cm 以内，爆破渣料均匀，符合设计及规范要求，能满足施工需求。

因此，推荐采用爆破试验Ⅲ-2 区的炸药单耗值 0.54 kg/m^3、布孔参数及装药参数。崩落孔炮孔深度 3.5 m，炮孔直径 40 mm，炮孔间距 105 cm；底孔炮孔深度 3.5 m，炮孔直径 40 mm，炮孔间距 70 cm；光爆孔炮孔深度 3.5 m，炮孔直径 40 mm，炮孔间距 50 cm。装药参数：崩落孔线装药密度 0.91 kg/m，装药系数 0.70，单孔装药 2.23 kg/孔，堵塞长度 1.05 m，总装药量 62.42 kg；底孔线装药密度 0.91 kg/m，装药系数 0.78，单孔装药 2.48 kg/孔，堵塞长度 0.77 m，总装药量 32.30 kg；光爆孔线装药密度 0.48 kg/m，装药系数 0.82，单孔装药 1.38 kg/孔，堵塞长度 0.63 m，总装药量 24.80 kg。

4.2.2　导流洞下断面爆破数值模拟

导流洞下断面有限元模型包含两种材料，岩石和乳化炸药，实体单元均采用 Solid164 三维实体单元，岩石采用 *MAT_PLASTIC_KINEMATIC 模型，其材料参数如表 3-5 所示，乳化炸药采用 *MAT_HIGH_EXPLOSIVE_BURN 和状态方程 *EOS_JWL 来模拟，其材料参数如表 3-6 所示。根据工程实际爆破情况取高度 7 m、宽度 11 m、纵深 4 m 的长方体为建模尺寸并施加无反射边界共划分 131 670 个单元，其中乳化炸药单元分为崩落孔单元 420 个，周边光爆孔单元 280 个，底板单元 162 个。图 4-12 为按照实际爆破方案（爆破试验Ⅲ-2 区爆破参数）布置导流洞有限元模型。

导流洞下断面爆破过程数值模拟：该过程采用起爆顺序为崩落孔一次成型—周边光爆和底孔，如图 4-13、图 4-14 所示。

由图 4-13 可知，下断面崩落爆破一次成型，隧洞区域岩石与主体一次性脱落形成欠挖的洞壁，第二步如图 4-14 所示，随着周边孔和底孔爆破完成形成了工程允许的隧洞壁面。

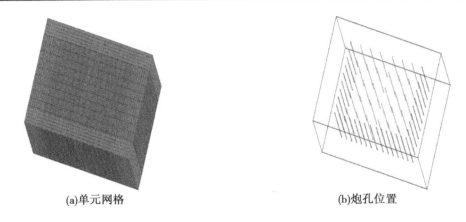

(a)单元网格　　　　　　　　　　(b)炮孔位置

图 4-12　单元网格及炮孔位置

时间 t =0.000 481 83 s
最大主应力等值面
最小值=-3.868 02e+08,位于单元124 174
最大值=2.572 7e+07,位于单元114 621

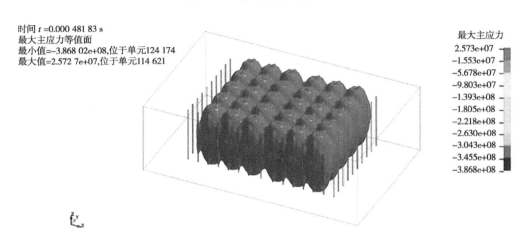

最大主应力
2.573e+07
-1.553e+07
-5.678e+07
-9.803e+07
-1.393e+08
-1.805e+08
-2.218e+08
-2.630e+08
-3.043e+08
-3.455e+08
-3.868e+08

时间 t =0.000 481 83 s
最大主应力等值线
最小值=-3.102 71e+08,位于单元8 397
最大值=2.572 7e+07,位于单元114 621
截面最小值=-1.105 38e+08,位于结点73 514附近
截面最大值=6.538 99e+06,位于结点17 895附近

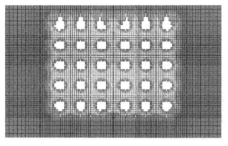

最大主应力
2.573e+07
-7.873e+06
-4.147e+07
-7.507e+07
-1.087e+08
-1.423e+08
-1.759e+08
-2.095e+08
-2.431e+08
-2.767e+08
-3.103e+08

图 4-13　崩落爆破及最大主应力云图　（单位:Pa）

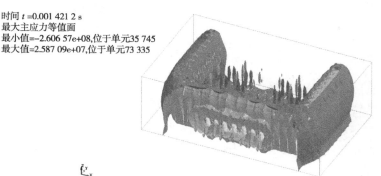

时间 t =0.001 421 2 s
最大主应力等值面
最小值=-2.606 57e+08,位于单元35 745
最大值=2.587 09e+07,位于单元73 335

最大主应力

$\begin{array}{r}2.587e+07 \\ -2.782e+06 \\ -3.143e+07 \\ -6.009e+07 \\ -8.874e+07 \\ -1.174e+08 \\ -1.450e+08 \\ -1.747e+08 \\ -2.034e+08 \\ -2.320e+08 \\ -2.607e+08\end{array}$

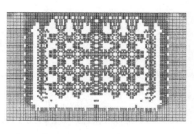

时间 t =0.001 948 3 s
最大主应力等值线
最小值=-1.102 88e+08,位于单元98 242
最大值=2.586 87e+07,位于单元94 308
截面最小值=-5.690 38e+07,位于结点131 140附近
截面最大值=1.724 17e+07,位于结点118 763近

最大主应力

$\begin{array}{r}2.587e+07 \\ 1.225e+07 \\ -1.363e+06 \\ -1.498e+07 \\ -2.859e+07 \\ -4.221e+07 \\ -5.583e+07 \\ -6.944e+07 \\ -8.306e+07 \\ -9.667e+07 \\ -1.103e+08\end{array}$

图 4-14　周边和底孔爆破及最大主应力云图　（单位：Pa）

4.3　泄洪洞上断面爆破技术

4.3.1　泄洪洞上断面爆破试验设计及试验结论

4.3.1.1　试验总体安排

根据泄洪洞的五个组成部分,该标段包括石方明挖与洞挖两部分内容。泄洪洞断面较大,采用断面分部开挖法。结合出口处覆盖层较薄,开挖工作相对较早,可选泄洪洞出口仰坡高程 379.00~363.84 m 处作为石方明挖的试验地点。爆破试验安排在 2016 年 1 月 2 日进行。该标段洞挖施工计划采用断面分部开挖正台阶法进行,泄洪洞洞挖施工共分为两个断面,即上断面和下断面。先进行上断面爆破开挖施工,待进入洞身 80 m 左右开始进行上、下断面交替施工。在上、下断面进行爆破施工时,首先进行爆破试验,拟定上断面爆破试验在 2016 年 4 月于泄洪洞出口洞脸 0+554 处进行。

4.3.1.2　试验方案

本次洞挖爆破试验为上断面开挖爆破试验。开挖断面宽度 B =9.6 m(其他断面时可对以后的参数略有变动),上层洞高 6.8 m,其中圆弧段拱高 2.65 m,直墙段墙高 4.15 m。

采用手风钻钻平孔装药爆破,钻孔直径 D =40 mm,掏槽形式采用楔形掏槽,崩落孔按等间距布置,掏槽孔、扩大孔、崩落孔及底板孔间距分别为 60 cm、80 cm、100 cm 及 80 cm,光爆孔间距 50 cm。爆破装药采用不耦合装药方式,光爆孔选用 ϕ 25 mm 硝铵炸药,其余选用 ϕ 32 mm 硝铵炸药,导爆索串联,非电导爆系统网络起爆。炮孔布置及起爆网络顺序如图 4-15 和图 4-16 所示。

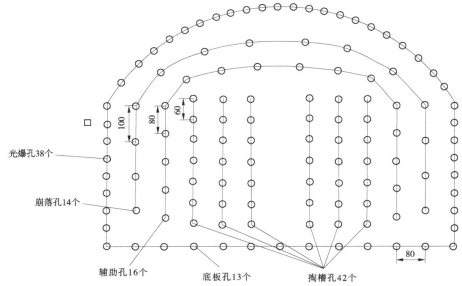

光爆孔38个

崩落孔14个

辅助孔16个　　　　底板孔13个　　　　掏槽孔42个

图 4-15　泄洪洞爆破试验炮孔布置图　（单位:cm）

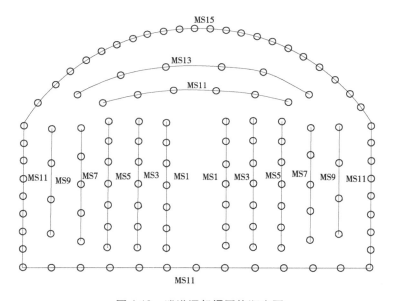

图 4-16　泄洪洞起爆网络顺序图

采用非电毫秒延迟雷管起爆网络,起爆顺序为:中心掏槽孔(一掏槽孔)—二层掏槽孔—外围掏槽孔(三掏槽孔)—扩大孔—崩落孔—光爆孔(竖墙)—底板孔—崩落孔(拱顶)—光爆孔(拱顶)。每排起爆时间≥50 ms。

1. 炮孔布置

该试验区段岩石为Ⅲ类和Ⅳ类岩石,参照岩石特性、断面尺寸、炮孔直径、孔深等因素和以往类似经验,需对炸药单耗值、装药系数和线装药密度进行调整,待爆破试验完成后确定施工参数,炮孔布置参数如表 4-12 所示。

表 4-12 炮孔布置参数

序号	炮孔类型	炮孔深度(m)	炮孔直径(mm)	炮孔间距(cm)	药卷直径(mm)
1	中心掏槽孔(14)	2.4	40	60	32
2	二层掏槽孔(14)	3.8	40	60	32
3	外围掏槽孔(14)	3.6	40	60	32
4	扩大孔(16)	3.5	40	80	32
5	崩落孔(14)	3.5	40	100	32
6	光爆孔(38)	3.5	40	50	25
7	底板孔(13)	3.5	40	80	32

2. 试验区布置

根据试验区的地质条件,经计算试验区的炮孔线装药密度及装药量如表 4-13 ~ 表 4-15 所示,泄洪洞上断面钻孔放样布置如图 4-17 所示。

表 4-13 爆破试验 I 区试验参数

序号	炮孔类型	炮孔深度(m)	炮孔间距(cm)	药卷直径(mm)	线装药密度(kg/m)	装药系数	单孔装药量(kg)
1	中心掏槽孔(14)	2.4	60	32	0.91	0.80	1.75
2	二层掏槽孔(14)	3.8	60	32	0.91	0.80	2.77
3	外围掏槽孔(14)	3.6	60	32	0.91	0.80	2.62
4	扩大孔(16)	3.5	80	32	0.91	0.70	2.23
5	崩落孔(14)	3.5	100	32	0.91	0.65	2.07
6	光爆孔(38)	3.5	50	25	0.48	0.78	1.31
7	底板孔(13)	3.5	80	32	0.91	0.73	2.33

表 4-14 爆破试验 II 区试验参数

序号	炮孔类型	炮孔深度(m)	炮孔间距(cm)	药卷直径(mm)	线装药密度(kg/m)	装药系数	单孔装药量(kg)
1	中心掏槽孔(14)	2.4	60	32	0.91	0.85	1.86
2	二层掏槽孔(14)	3.8	60	32	0.91	0.85	2.94
3	外围掏槽孔(14)	3.6	60	32	0.91	0.85	2.78
4	扩大孔(16)	3.5	80	32	0.91	0.75	2.39
5	崩落孔(14)	3.5	100	32	0.91	0.70	2.23
6	光爆孔(38)	3.5	50	25	0.48	0.82	1.38
7	底板孔(13)	3.5	80	32	0.91	0.78	2.48

表 4-15 爆破试验Ⅲ区试验参数

序号	炮孔类型	炮孔深度（m）	炮孔间距（cm）	药卷直径（mm）	线装药密度（kg/m）	装药系数	单孔装药量（kg）
1	中心掏槽孔（14）	2.4	60	32	0.91	0.88	1.92
2	二层掏槽孔（14）	3.8	60	32	0.91	0.88	3.04
3	外围掏槽孔（14）	3.6	60	32	0.91	0.88	2.88
4	扩大孔（16）	3.5	80	32	0.91	0.80	2.55
5	崩落孔（14）	3.5	100	32	0.91	0.75	2.39
6	光爆孔（38）	3.5	50	25	0.48	0.85	1.43
7	底板孔（13）	3.5	80	32	0.91	0.83	2.64

图 4-17 泄洪洞上断面钻孔放样布置

泄洪洞上断面顶拱开挖效果如图 4-18 所示。

图 4-18 泄洪洞上断面顶拱开挖效果

4.3.1.3　爆破试验结果分析

试验区装药量按从小到大的次序进行设置,爆破试验按试验区依次进行,经现场实际爆破试验,各个试验区的爆破效果如下:

爆破试验 I 区爆破效果:开挖轮廓线不明显,岩面平整度较差,局部存在欠挖,爆破松散度不够,大块较多。

爆破试验 II 区爆破效果:未出现欠挖现象,超挖在 10 cm 以内,爆破渣料均匀,开挖轮廓线规则,岩面平整;围岩壁上残孔率 70% 左右,且孔壁无明显的爆破裂隙。

爆破效果: II 区爆破效果较好,爆破试验 III 区未进行试验。

通过试验,爆破试验 II 区效果良好,无欠挖现象,超挖在 10 cm 以内,爆破渣料均匀,开挖轮廓线规则,岩壁平整;围岩壁上残孔率 70% 左右,且孔壁无明显的爆破裂隙,符合设计及规范要求,满足施工要求。

因此,推荐爆破采用爆破试验 II 区的爆破装药参数,中心掏槽孔线装药密度 0.91 kg/m、二层掏槽孔线装药密度 0.91 kg/m、外围掏槽孔线装药密度 0.91 kg/m、扩大孔线装药密度 0.91 kg/m、崩落孔线装药密度 0.91 kg/m、光爆孔线装药密度 0.48 kg/m、底板孔线装药密度 0.91 kg/m。布孔参数:中心掏槽孔炮孔深度 2.4 m,炮孔直径 40 mm,炮孔间距 60 cm,单孔装药量 1.86 kg;二层掏槽孔炮孔深度 3.8 m,炮孔直径 40 mm,炮孔间距 60 cm,单孔装药量 2.94 kg;外围掏槽孔炮孔深度 3.6 m,炮孔直径 40 mm,炮孔间距 60 cm,单孔装药量 2.78 kg;扩大孔炮孔深度 3.5 m,炮孔直径 40 mm,炮孔间距 80 cm,单孔装药量 2.39 kg;崩落孔炮孔深度 3.5 m,炮孔直径 40 mm,炮孔间距 100 cm,单孔装药量 2.23 kg;光爆孔炮孔深度 3.5 m,炮孔直径 40 mm,炮孔间距 50 cm,单孔装药量 1.38 kg;底板孔炮孔深度 3.5 m,炮孔直径 40 mm,炮孔间距 80 cm,单孔装药量 2.48 kg。

上断面贯通后的效果如图 4-19 所示。

图 4-19　泄洪洞上断面爆后支护情况

4.3.2　泄洪洞上断面爆破数值模拟

泄洪洞上断面有限元模型包含两种材料,岩石和乳化炸药,实体单元均采用 Solid164

三维实体单元,岩石采用 ＊MAT_PLASTIC_KINEMATIC 模型,其材料参数如表 3-9 所示,乳化炸药采用 ＊MAT_HIGH_EXPLOSIVE_BURN 和状态方程 ＊EOS_JWL 来模拟,其材料参数如表 3-10 所示。根据工程实际爆破情况取高度 9 m、宽度 11 m、纵深 4 m 的长方体为建模尺寸,并施加无反射边界共划分 136 752 个单元,其中乳化炸药单元掏槽孔单元 540 个、扩大孔单元 216 个、直墙光爆孔单元 108 个、崩落孔单元 180 个、圆弧光爆孔单元 126 个。

图 4-20 为按照实际爆破方案(爆破试验Ⅱ-2 区爆破参数)布置泄洪洞有限元模型。

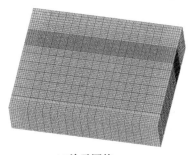 

(a)单元网格　　　　　　　　　　　　　　(b)炮孔位置

图 4-20　单元网格及炮孔位置

泄洪洞爆破过程数值模拟该过程采用起爆顺序为:掏槽孔—扩大孔—直墙光爆孔—崩落孔—圆弧光爆孔,如图 4-21~图 4-25 所示。

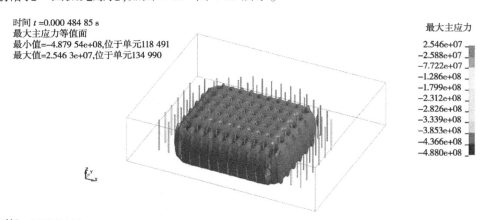

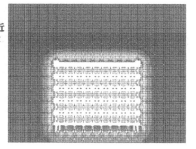 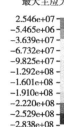

图 4-21　掏槽爆破及最大主应力云图　（单位:Pa）

时间 t =0.000 784 99 s
最大主应力等值面
最小值=−4.981 63e+08,位于单元124 615
最大值=2.581 55e+07,位于单元117 879

最大主应力
2.582e+07
−2.658e+07
−7.898e+07
−1.314e+08
−1.838e+08
−2.362e+08
−2.886e+08
−3.410e+08
−3.934e+08
−4.458e+08
−4.982e+08

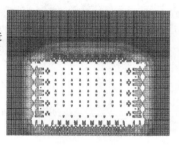

时间 t =0.000 995 33 s
最大主应力等值线
最小值=−3.253 55e+08,位于单元25 539
最大值=2.583 22e+07,位于单元113 391
截面最小值=−1.262 88e+08,位于结点92 605附近
截面最大值=1.031 37e+07,位于结点104 239附近

最大主应力
2.583e+07
−9.287e+06
−4.441e+07
−7.952e+07
−1.146e+08
−1.498e+08
−1.849e+08
−2.200e+08
−2.551e+08
−2.902e+08
−3.254e+08

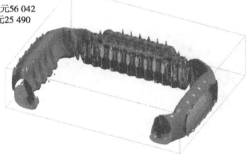

图 4-22 扩大孔爆破及最大主应力云图 （单位:Pa）

时间 t =0.001 769 s
最大主应力等值面
最小值=−4.781 52e+08,位于单元56 042
最大值=2.587 01e+07,位于单元25 490

最大主应力
2.587e+07
−2.453e+07
−7.493e+07
−1.253e+08
−1.757e+08
−2.261e+08
−2.765e+08
−3.269e+08
−3.773e+08
−4.277e+08
−4.782e+08

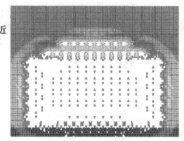

时间 t =0.001 769 s
最大主应力等值线
最小值=−4.781 52e+08,位于单元56 042
最大值=2.587 01e+07,位于单元25 490
截面最小值=−1.599 96e+08,位于结点108 088附近
截面最大值=1.789 13e+07,位于结点136 201附近

最大主应力
2.587e+07
−2.453e+07
−7.493e+07
−1.253e+08
−1.757e+08
−2.261e+08
−2.765e+08
−3.269e+08
−3.773e+08
−4.277e+08
−4.782e+08

图 4-23 直墙光爆爆破及最大主应力云图 （单位:Pa）

时间 t =0.001 915 s
最大主应力等值面
最小值=-5.135 2e+08,位于单元64 385
最大值=2.587 67e+07,位于单元130 884

最大主应力
2.588e+07
-2.806e+07
-8.200e+07
-1.359e+08
-1.899e+08
-2.438e+08
-2.978e+08
-3.517e+08
-4.056e+08
-4.596e+08
-5.135e+08

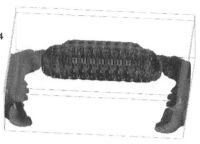

时间 t =0.002 001 6 s
最大主应力等值线
最小值=-4.948 87e+08,位于单元64 389
最大值=2.583 54e+07,位于单元109 959
截面最小值=-1.376 75e+08,位于结点30 561附近
截面最大值=2.116 06e+07,位于结点136 467附近

最大主应力
2.584e+07
-2.624e+07
-7.831e+07
-1.304e+08
-1.825e+08
-2.345e+08
-2.866e+08
-3.387e+08
-3.907e+08
-4.428e+08
-4.949e+08

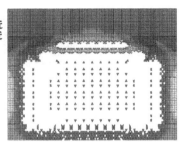

图 4-24　崩落爆破及最大主应力云图　（单位:Pa）

时间 t =0.002 012 9 s
最大主应力等值面
最小值=-4.929 64e+08,位于单元64 389
最大值=2.587 81e+07,位于单元48 061

最大主应力
2.588e+07
-2.601e+07
-7.789e+07
-1.298e+08
-1.817e+08
-2.335e+08
-2.854e+08
-3.373e+08
-3.892e+08
-4.411e+08
-4.930e+08

时间 t =0.002 500 2 s
最大主应力等值线
最小值=-3.577 14e+08,位于单元100 344
最大值=2.586 99e+07,位于单元130 067
截面最小值=-1.141 33e+08,位于结点35 361附近
截面最大值=1.971 66e+07,位于结点135 977附近

最大主应力
2.587e+07
-1.249e+07
-5.085e+07
-8.921e+07
-1.276e+08
-1.659e+08
-2.043e+08
-2.426e+08
-2.810e+08
-3.194e+08
-3.577e+08

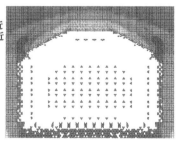

图 4-25　圆弧光爆爆破及最大主应力云图　（单位:Pa）

从图 4-21 可以看出,掏槽爆破逐层形成了比较完好的临空面,为后面的爆破提供了很好的自由面,其中中间区域与岩石主体分开的单元是没有达到破碎标准的碎石,但是已经同主体脱落开来形成堆石。如图 4-22 所示的扩大孔爆破使爆破隧洞逐层有序扩大,爆破形成的边界非常清晰。如图 4-23 所示的直墙光爆爆破形成了很好的隧洞直墙壁并且没有明显的超挖现象。图 4-24 和图 4-25 所示崩落孔爆破形成拱形门洞,光爆孔形成了很好的门洞形壁面。

4.4　输水洞洞挖爆破技术

4.4.1　输水洞爆破试验设计及试验

4.4.1.1　总体思路

根据工艺试验方案,爆破试验分三次进行,爆破试验Ⅰ区桩号为输 0+278~0+276,试验Ⅱ区桩号为输 0+276~0+274,试验Ⅲ区桩号为输 0+274~0+272。每个爆破试验区爆破试验时间如表 4-16 所示。

表 4-16　爆破试验时间

序号	爆破试验名称	桩号	试验时间(年-月-日)	备注
1	爆破试验Ⅰ区	输 0+278~0+276	2017-09-24	
2	爆破试验Ⅱ区	输 0+276~0+274	2017-09-25	
3	爆破试验Ⅲ区	输 0+274~0+272	2017-09-26	

每次爆破试验完成后,进行爆破参数整理及汇总,确定最优爆破参数。

4.4.1.2　爆破设计参数试验

试验按Ⅲ类围岩进行炮孔设计,在Ⅳ类围岩施工中,按照加密炮孔、减少装药的原则将参数适当调整。

根据现场实际地质情况,结合以往的地下工程爆破施工经验,将经验参数与现场实际情况进行结合,拟定爆破试验参数。

1. 孔径 d

采用 YT28 凿岩钻机钻孔,钻孔直径 $d=42$ mm。

2. 孔距 a

(1)掏槽孔。呈水平对称布置共 3 排,掏槽孔与工作面的夹角 $\theta=67°$ 左右,上下相邻两排炮孔间距本次试验取 0.4 m。

(2)辅助孔。是为了进一步扩大掏槽孔的体积而布置的炮孔,即二圈孔,炮孔的角度垂直于工作面。辅助扩大孔的间距 $a_f=14d=14×4.2=59$(cm),本次试验取 60 cm。

(3)崩落孔。当辅助扩大孔进一步扩大掏槽体积后,形成了较好的第二自由面,这时爆破即可按正常的崩落法爆破岩体,崩落孔间距 $a_b=18d=18×4.2=76$(cm),本次试验取 80 cm。

（4）底孔。为避免欠挖,清除底坎,增加底孔的装药量,按ϕ32 mm 药卷连续装药,底孔间距 $a_d = 15d = 15 \times 4.2 = 63$（cm）,本次试验取 60 cm。

（5）光爆孔。采用光面爆破技术施工,在两边及拱顶进行爆破,可以提高拱顶的平整度,保护围岩少受爆破破坏影响。光爆孔间距 $a_z = 12d = 12 \times 4.2 = 50$（cm）,本次试验取 40 cm、50 cm。

3. 孔深 L

掘槽孔:每循环进尺钻孔深度 $L = 2$ m,掘槽孔加深 0.2 m,掘槽孔孔深 $L_c = 2.2$ m,掘槽孔孔长度 $= L_c / \sin 67° = 2.39$（m）。

其余炮孔:辅助孔、崩落孔、底孔、光爆孔的孔深均为 2 m。

4. 装药量 Q

掘槽孔、辅助孔、崩落孔、底孔线装药密度取 0.78 kg/m,周边光爆孔线装药密度为 0.5 kg/m。

5. 装药系数

掘槽孔装药系数取 0.8、辅助孔装药系数取 0.7、崩落孔装药系数取 0.7、底孔装药系数取 0.75,周边光爆孔装药系数取 0.6、0.7。

6. 药卷直径选择

光爆孔选择ϕ22 mm 的药卷,其余均选用ϕ32 mm 的药卷。

石方爆破试验参数见表 4-17～表 4-19,爆破网络示意图见图 4-26,装药结构示意图见图 4-27。

表 4-17　石方爆破试验参数（一）

序号	炮孔类别	炮孔长度（m）	炮孔间距（m）	炮孔深度（m）	线装药密度（kg/m）	装药系数	钻孔角度（°）	药卷直径（mm）
1	掘槽孔	2.39	0.4	2.2	0.78	0.8	67	32
2	辅助孔	2.03	0.6	2	0.78	0.7	90	32
3	崩落孔	2	0.8	2	0.78	0.7	90	32
4	底孔	2	0.6	2	0.78	0.75	90	32
5	光爆孔	2	0.4	2	0.5	0.7	90	22

表 4-18　石方爆破试验参数（二）

序号	炮孔类别	炮孔长度（m）	炮孔间距（m）	炮孔深度（m）	线装药密度（kg/m）	装药系数	钻孔角度（°）	药卷直径（mm）
1	掘槽孔	2.39	0.4	2.2	0.78	0.8	67	32
2	辅助孔	2.03	0.6	2	0.78	0.7	90	32
3	崩落孔	2	0.8	2	0.78	0.7	90	32
4	底孔	2	0.6	2	0.78	0.75	90	32
5	光爆孔	2	0.5	2	0.5	0.7	90	22

表 4-19　石方爆破试验参数(三)

序号	炮孔类别	炮孔长度 (m)	炮孔间距 (m)	炮孔深度 (m)	线装药密度 (kg/m)	装药系数	钻孔角度 (°)	药卷直径 (mm)
1	掏槽孔	2.39	0.4	2.2	0.78	0.8	67	32
2	辅助孔	2.03	0.6	2	0.78	0.7	90	32
3	崩落孔	2	0.8	2	0.78	0.7	90	32
4	底孔	2	0.6	2	0.78	0.75	90	32
5	光爆孔	2	0.5	2	0.5	0.6	90	22

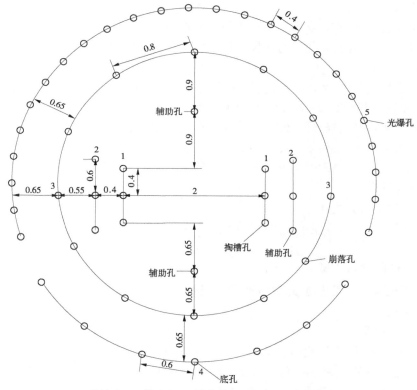

1—掏槽孔;2—辅助孔;3—崩落孔;4—底孔;5—光爆孔

图 4-26　爆破网络示意图 (单位:m)

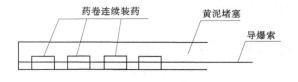

图 4-27　装药结构示意图

4.4.1.3　爆破试验钻孔机械选择

由于隧洞断面较小,受机械设备的限制,选用 YT28 凿岩机钻孔,钻孔直径 $d = 42$ mm。

4.4.1.4　爆破试验主要施工方法

爆破试验施工流程为:参数设计→测量放样→技术交底→钻机就位→钻孔→验孔检查→装药联网→爆破→爆效检查→场地清理→下一次试验。

1. 测量放样

由具有相应资质的专业测量人员,按照爆破试验布置图进行测量放样。凡光爆孔均需测量放线,保证各孔开孔偏差小于 20 mm(不允许欠挖),钻孔深度误差控制在 ±5 cm 以内。钻孔偏斜度控制在 10 mm/m 以内,且不允许欠挖。非光爆孔根据钻爆设计爆破参数布孔,开孔偏差 ±5 cm,孔深偏差 ±10 cm 以内,且不允许欠挖。

2. 钻孔

按作业指导书要求,安排钻机在测量放样点位置就位开始,钻进过程中,随时对钻孔深度和偏斜进行检测,以便及时纠偏。钻孔后进行孔口保护、警示。

3. 装药起爆

各钻孔验收合格后,进行装药,其中光爆孔采用不耦合装药,光爆孔选用 ϕ22 mm 硝铵炸药,其余选用 ϕ32 mm 硝铵炸药,导爆索串接;起爆网络均采用非电导爆系统。

爆前必须认真检查,确定施工无误且安全措施就位后,方可起爆。主要检查光面爆破的残留炮孔保存率,壁面平整度,炮孔壁裂隙情况。可采取钻屑或黄泥堵塞,堵塞时适当捣实,尤其是中槽爆破确保堵塞长度,防止产生过量飞石。最后,由爆破专业技术人员按设计网络进行联网。

4.4.1.5　宏观调查统计

宏观调查重点内容在于光爆孔爆后宏观调查,包括残孔率、裂缝及破碎情况、不平整度调查。

4.4.1.6　爆破试验成果

通过爆破试验,优化爆破参数,改善爆破效果,检查石方爆、挖、装效果,为施工提供合理的爆破参数。

4.4.1.7　试验成果

内容主要包括:①试验内容及试验情况;②试验后选定的爆破参数。

评价光面爆破效果主要标准:开挖轮廓线规则,岩面平整;围岩壁上半孔率不低于 50%,且孔壁上无明显的爆破裂隙;超欠挖符合规定要求,围堰上无危石。

4.4.2　输水洞爆破试验结论

4.4.2.1　爆破效果对比

1. 试验 I 区

根据爆破试验,爆破试验共分为 3 个区进行,首先进行试验 I 区爆破施工,爆破参数如表 4-20 所示。

表 4-20　石方洞挖爆破试验 I 区参数表

序号	炮孔类别	炮孔个数	炮孔长度（m）	炮孔间距（m）	装药系数	线装药密度（kg/m）	钻孔角度（°）	药卷直径（mm）	堵塞长度（m）	单孔装药（kg）	总装药量（kg）
1	掏槽孔	6	2.39	0.4	0.8	0.78	67	32	0.48	1.49	8.95
2	辅助孔	8	2.03	0.6	0.7	0.78	80	32	0.61	1.11	8.87
3	崩落孔	12	2	0.8	0.7	0.78	90	32	0.60	1.09	13.10
4	底孔	6	2	0.6	0.75	0.78	90	32	0.50	1.17	7.02
5	光爆孔	22	2	0.4	0.7	0.5	90	22	0.60	0.70	15.40
合计		54				单耗值:1.38 kg/m³					53.34

爆破试验 I 区爆破后,对爆破效果进行检查,检查结果如下:本次爆破进尺为 2 m,炮孔无残留,局部存在超挖现象,壁面坑洼不平,局部存在爆破裂隙,单次循环时间约 12 h,虽能满足爆破要求,但单次循环开挖钻孔、装药耗时长,且爆破后超挖量较大。

2. 爆破试验 II 区

爆破试验 I 区施工完成后,进行爆破试验 II 区爆破施工,爆破参数如表 4-21 所示。

表 4-21　石方洞挖爆破试验 II 区参数表

序号	炮孔类别	炮孔个数	炮孔长度（m）	炮孔间距（m）	装药系数	线装药密度（kg/m）	钻孔角度（°）	药卷直径（mm）	堵塞长度（m）	单孔装药（kg）	总装药量（kg）
1	掏槽孔	6	2.39	0.4	0.8	0.78	67	32	0.48	1.49	8.95
2	辅助孔	8	2.03	0.6	0.7	0.78	80	32	0.61	1.11	8.87
3	崩落孔	12	2	0.8	0.7	0.78	90	32	0.60	1.09	13.10
4	底孔	6	2	0.6	0.75	0.78	90	32	0.50	1.17	7.02
5	光爆孔	18	2	0.5	0.7	0.5	90	22	0.60	0.70	12.60
合计		50				单耗值:1.38 kg/m³					50.54

爆破试验 II 区爆破后,对爆破效果进行检查,检查结果如下:本次爆破进尺为 2 m,炮孔半孔率在 80% 左右,壁面平整,爆渣均匀,局部存在细小的爆破裂痕,单次循环时间约 10 h,满足施工要求,但需对爆破参数进行优化调整。因此,爆破试验 III 区将对调整后的爆破参数进行验证,原设计爆破试验 III 区不再进行。

3. 爆破试验 III 区

根据爆破试验 II 区的爆破效果分析,对试验 II 区光爆孔的装药系数进行调整,减少装药量,因此爆破试验 III 区参数如表 4-22 所示。

表 4-22 石方洞挖爆破试验Ⅲ区参数

序号	炮孔类别	炮孔个数	炮孔长度(m)	炮孔间距(m)	装药系数	线装药密度(kg/m)	钻孔角度(°)	药卷直径(mm)	堵塞长度(m)	单孔装药(kg)	总装药量(kg)
1	掏槽孔	6	2.39	0.4	0.8	0.78	67	32	0.48	1.49	8.95
2	辅助孔	8	2.03	0.6	0.7	0.78	80	32	0.61	1.11	8.87
3	崩落孔	12	2	0.8	0.7	0.78	90	32	0.60	1.09	13.10
4	底孔	6	2	0.6	0.75	0.78	90	32	0.50	1.17	7.02
5	光爆孔	18	2	0.5	0.6	0.5	90	22	0.80	0.60	10.80
合计		50				单耗值:1.38 kg/m³					48.74

爆破试验Ⅲ区爆破后,对爆破效果进行检查,检查结果如下:本次爆破进尺为 2 m,炮孔半孔率在 80% 左右,壁面平整,爆渣均匀,无明显的爆破裂痕,单次循环时间约 9.5 h,满足施工要求。

4.4.2.2 爆破试验成果汇总

1. 爆破参数

通过对爆破试验Ⅰ、Ⅱ、Ⅲ区进行对比,爆破试验Ⅲ区爆破后,开挖轮廓线规则,爆渣均匀、岩面平整,爆破后半孔率不低于 50%,且孔壁上无明显的爆破裂痕,超欠挖符合规定要求,且循环用时最短,满足现场施工需求,因此输水洞洞挖爆破参数确定为试验Ⅲ区参数。

在实际施工中,围岩的地质情况变化时,及时进行爆破参数调整,如遇围岩质量较好、比较坚硬的岩石地段,将采用爆破试验Ⅰ区的参数进行爆破;如遇围岩质量较差、岩石比较破碎地段,根据确定的爆破试验参数进行调整,将减少进尺和装药量,来控制爆破质量。

2. 人员设备

通过爆破试验,检验施工投入的人员、设备是否能满足施工需求。

4.5 小 结

水库安山玢岩光面爆破技术研究结果表明:

导流洞上断面数值模拟结果印证了Ⅱ-2 区试验方案的可行性,即推荐爆破采用爆破试验Ⅱ-2 区的炸药单耗值 1.44 kg/m³、布孔参数及装药参数。布孔参数:掏槽孔炮孔深度 3.5 m,炮孔直径 40 mm,炮孔间距 50 cm;辅助孔炮孔深度 2.8 m,炮孔直径 40 mm,炮孔间距 80 cm;崩落孔炮孔深度 2.8 m,炮孔直径 40 mm,炮孔间距 100 cm;底孔炮孔深度 2.8 m,炮孔直径 40 mm,炮孔间距 70 cm;光爆孔炮孔深度 2.8 m,炮孔直径 40 mm,炮孔间距 50 cm。装药参数:掏槽孔线装药密度 0.91 kg/m,装药系数 0.85,单孔装药 2.71 kg/孔,堵塞长度 0.52 m,总装药量 86.63 kg;辅助孔线装药密度 0.91 kg/m,装药系数 0.75,单孔装药 1.91 kg/孔,堵塞长度 0.7 m,总装药量 42.04 kg;崩落孔线装药密度 0.91

kg/m,装药系数 0. 7,单孔装药 1. 78 kg/孔,堵塞长度 0. 84 m,总装药量 28. 54 kg;底孔线装药密度 0. 91 kg/m,装药系数 0. 78,单孔装药 1. 99 kg/孔,堵塞长度 0. 6 m,总装药量 25. 84 kg;光爆孔线装药密度 0. 48 kg/m,装药系数 0. 82,单孔装药 1. 10 kg/孔,堵塞长度 0. 5 m,总装药量 40. 78 kg。

导流洞下断面数值模拟印证了试验 II -2 区的可行性,即推荐采用爆破试验 II -2 区的炸药单耗值 0. 54 kg/m³、布孔参数及装药参数。崩落孔炮孔深度 3. 5 m,炮孔直径 40 mm,炮孔间距 105 cm;底孔炮孔深度 3. 5 m,炮孔直径 40 mm,炮孔间距 70 cm;光爆孔炮孔深度 3. 5 m,炮孔直径 40 mm,炮孔间距 50 cm。装药参数:崩落孔线装药密度 0. 91 kg/m,装药系数 0. 7,单孔装药 2. 23 kg/孔,堵塞长度 1. 05 m,总装药量 62. 42 kg;底孔线装药密度 0. 91 kg/m,装药系数 0. 78,单孔装药 2. 48 kg/孔,堵塞长度 0. 77 m,总装药量 32. 30 kg;光爆孔线装药密度 0. 48 kg/m,装药系数 0. 82,单孔装药 1. 38 kg/孔,堵塞长度 0. 63 m,总装药量 24. 80 kg。

泄洪洞上断面试验,爆破试验 II 区效果良好,无欠挖现象,超挖在 10 cm 以内,爆破渣料均匀,开挖轮廓线规则,岩壁平整;围岩壁上残孔率 70% 左右,且孔壁无明显的爆破裂隙,符合设计及规范要求,满足施工要求,数值模拟也印证了此结果。因此,推荐爆破采用爆破试验 II 区的爆破装药参数,掏槽孔线装药密度 0. 91 kg/m、二层掏槽孔线装药密度 0. 91 kg/m、外围掏槽孔线装药密度 0. 91 kg/m、扩大孔线装药密度 0. 91 kg/m、崩落孔线装药密度 0. 91 kg/m、光爆孔线装药密度 0. 48 kg/m、底板孔线装药密度 0. 91 kg/m。布孔参数:掏槽孔炮孔深度 2. 4 m,炮孔直径 40 mm,炮孔间距 60 cm,单孔装药量 1. 86 kg;二层掏槽孔炮孔深度 3. 8 m,炮孔直径 40 mm,炮孔间距 60 cm,单孔装药量 2. 94 kg;外围掏槽孔炮孔深度 3. 6 m,炮孔直径 40 mm,炮孔间距 60 cm,单孔装药量 2. 78 kg;扩大孔炮孔深度 3. 5 m,炮孔直径 40 mm,炮孔间距 80 cm,单孔装药量 2. 39 kg;崩落孔炮孔深度 3. 5 m,炮孔直径 40 mm,炮孔间距 100 cm,单孔装药量 2. 23 kg;光爆孔炮孔深度 3. 5 m,炮孔直径 40 mm,炮孔间距 50 cm,单孔装药量 1. 38 kg;底板孔炮孔深度 3. 5 m,炮孔直径 40 mm,炮孔间距 80 cm,单孔装药量 2. 48 kg。

第 5 章　全断面无保护层挤压爆破技术研究

隧洞下层台阶全断面无保护层挤压爆破与修路保通的施工方法是河南省前坪水库安山玢岩爆破开挖技术中的独特创新点,为加快下层断面施工进度,减少拉中槽手风钻刷边清底二次扩挖的施工程序和解决上层断面台阶通行道路的矛盾,在下层断面台阶的施工中采用全断面底板无保护层挤压爆破的方法进行爆破作业施工,即采用潜孔钻钻竖向孔,两边墙采用光面爆破,底板采用加装复合反射聚能与缓冲消能装置的无保护层爆破和主爆孔挤压爆破三种控制爆破的组合,实现下层断面全断面一次爆破成型的快速施工要求,并在爆渣堆上修斜坡道路,作为上层断面的交通通道。下层断面采用潜孔钻钻孔,孔径较大,机械化程度高,施工速度快,可以较大方量爆破,掘进进尺长度大,同时采用挤压爆破可以在竖向临空面前有压渣的情况钻孔爆破,一直持续向前进行,连续作业。大量的爆破堆渣为修斜坡提供了便利条件。

此项技术主要包括以下三个步骤:①把隧洞分为上下两层台阶法开挖。②上层台阶开挖 60~80 m 后,保持此间距进行下层台阶全断面无保护层挤压爆破,采用主爆孔微差挤压爆破和建基面底板加装复合反射聚能与缓冲消能装置的无保护层爆破及两侧边墙的预裂爆破的组合爆破方法,形成下层台阶全断面一次爆破成型。③在挤压爆破的爆渣堆上修筑斜坡道路,并保持 12~24 m 间距随着挤压爆破开挖向前方改道推移。该方法可以同时进行钻孔爆破作业及斜坡道路保通运行,实现了狭窄隧道空间的上层和下层台阶同时进行平行施工,大大地加快了施工进度。此项技术研究在泄洪洞下断面爆破开挖中进行试验研究并得到应用。

本章以泄洪洞工程下半洞采用全断面无保护层挤压爆破技术为例,介绍了该爆破技术的试验,并通过数字模型分析,进一步验证了该技术的合理性。

5.1　全断面无保护层挤压爆破试验设计及试验结论

5.1.1　试验总体安排

泄洪洞的五个组成部分,包括石方明挖与洞挖两部分内容。泄洪洞断面较大,采用断面分部开挖法。泄洪洞洞身段设计为进出口两头同时向内掘进,因出口洞脸明挖方量较小,较先形成进洞条件,即先从出口进洞开挖掘进。洞身标准断面高 12.5 m,设计为自上而下分上下两层断面开挖,上层断面高 6.8 m,下层断面高 5.7 m。上层断面开挖超前进行,采用全断面法开挖,手风钻钻孔,复式楔形掏槽,周边采用光面爆破法施工,循环进尺 3.3 m。下层断面为出渣通道,洞内出渣均采用侧翻装载机装渣、1 m³ 反铲挖掘机扒渣、15 t 自卸车运输。待上层断面进尺一定距离(60~80 m)后,下层断面开始进行开挖作业,形成上下层断面,两个工作面同时作业,可以加快施工速度。爆破试验安排在 2016 年 1

月 2 日进行。该标段洞挖施工计划采用断面分部开挖正台阶法进行,泄洪洞洞挖施工共分为两个断面,即上断面和下断面。先进行上断面爆破开挖施工,待进入洞身 80 m 左右再开始进行上下断面交替施工。在上下层断面进行爆破施工时,首先进行爆破试验,拟定上断面爆破试验在 2016 年 4 月于泄洪洞出口洞脸 0+554 处进行,下断面爆破试验在 2016 年 5 月进行。

5.1.2　试验方案

泄洪洞下层断面"全断面无保护层挤压爆破法"钻爆试验选定在洞内两个区域进行试验,第一组选在 0+365.0~0+353.0 段(长 12 m)边墙,以预裂爆破为主;第二组选在 0+353.0~0+341.0 段(长 12 m)边墙,以光面爆破为主。

具体步骤如下:

(1)根据泄洪洞断面尺寸,把隧洞开挖设计为自上而下的正台阶法开挖方式,根据施工机械、人员和施工方法的特点,首先把隧洞分为上下两层台阶,上层台阶高度(H_1)和下层台阶高度(H_2)比为 1.1~1.2。

(2)上层台阶钻爆开挖超前进行,利用下层台阶作为上层台阶的出渣和交通道路。上层台阶采用常规的台阶全断面爆破法开挖,手风钻钻水平孔。

(3)上层台阶开挖进尺 60~80 m 后,在下层台阶进行全断面无保护层挤压爆破,并与上层台阶保持 60~80 m 间距跟进开挖。下层台阶在纵向分为两个作业区域,一个是全断面无保护层挤压爆破区域,另一个是作为上层交通道路的斜坡路的区域。首先在下层台阶进行全断面无保护层挤压爆破,然后在挤压爆破的爆渣堆上修筑斜坡道路,为上层台阶提供交通通道,确保上层台阶交通畅通。所述全断面无保护层挤压爆破为:主爆孔进行微差挤压爆破,该方法在不清理自由面前面爆渣的情况下,使下层台阶爆破持续向前进行。建基面底板的炮孔采用加装复合反射聚能与缓冲消能装置进行无保护层爆破,使建基面底板一次性爆破开挖到建基面高程,达到建基面的平整,减少起伏差,减少爆破对建基面岩石的损伤,起到保护岩石的作用。两边边墙沿设计开挖轮廓线进行预裂爆破。爆破后形成下层台阶的边墙、建基面底板的全断面一次爆破成型,一次性达到开挖设计轮廓线,提高岩壁的平整度,减少主爆孔爆破对岩壁的损害。主爆孔采用 V 形或排间微差起爆方式,可提供两个竖向自由面,增大爆破补偿空间,减少对岩壁的冲击损害。

下层台阶主爆孔采用潜孔台车钻孔,预裂孔采用简易支架式潜孔钻钻孔,钻孔直径 D_2 均为 90 mm。潜孔钻沿下层台阶顶面往下钻竖向炮孔,主爆孔钻孔倾角 $\theta_{主}=90°$,预裂孔钻孔略微向外倾斜外插,外插倾角 $\theta_{预}=87°$。

下层台阶全断面无保护层挤压爆破开挖区域,每次开挖长度 12 m 左右,超过 12 m 后增加 1~2 排加强孔,加强药量,创造新的爆破补偿空间。开挖宽度为设计洞宽 9.6 m。

在下层台阶全断面无保护层挤压爆破的爆渣堆上修筑斜坡道路,斜坡道路随着下层台阶的爆破向前方改道推移,把原有的斜坡道路的石渣挖运清理,沿隧洞开挖方向修建新的斜坡道路,使下层台阶的斜坡道路顶端与挤压爆破区域之间保持 20 m 的间距。合理的间距可以为挤压爆破提供一定的爆破补偿空间,有利于挤压爆破的进行。

下层台阶的全断面无保护层挤压爆破作业和斜坡道路交通运输两个功能作业区域同

时进行施工和运行,实现了下层台阶既可以持续进行钻孔爆破开挖也可以在爆渣堆上修斜坡道路,确保上层台阶运输道路的畅通,进而实现了上层台阶与下层台阶的爆破、挖运等多工种多作业面同时进行平行作业施工和交通运行,加快了施工进度。试验区爆破试验参数如表5-1所示。

表 5-1 试验区爆破试验参数

试验位置	0+365.0~0+353.0		0+353.0~0+341.0	
爆孔类型	主爆孔	预裂孔或光爆孔	主爆孔	预裂孔或光爆孔
炮孔直径(mm)	100	85	100	85
孔距(m)	2.2	1.0	2.2	1.0
排距(m)	2.1	—	2.1	—
钻孔倾角(°)	90	87	90	87
台阶高度(m)	5.7	5.7	5.7	5.7
超深(m)	0.5	0.5	0.5	0.5
炸药单耗值(kg/m³)	0.43	—	0.511	—
线装药密度(kg/m)	—	0.8	—	0.8
单孔装药量(kg)	11.72	6.16	13.93	6.16
复合反射聚能与缓冲消能装置长度厚度(m)	0.3	0.3	0.3	0.3

试验区爆破参数起爆网络如图5-1、图5-2所示。

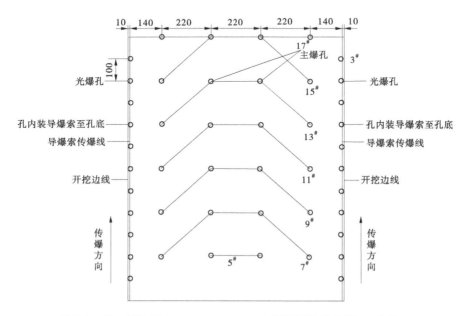

图 5-1 第一试验区(0+365.0~0+353.0)起爆网络示意图 (单位:cm)

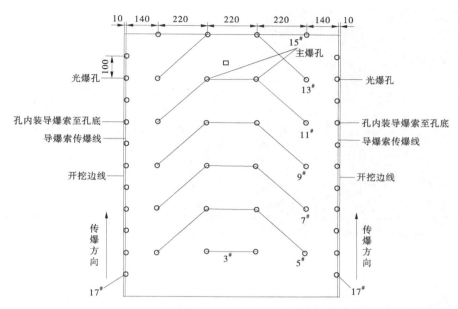

图 5-2　第二试验区(0+353.0~0+341.0)起爆网络示意图　（单位:cm）

试验区钻机就位、调整及钻孔见图 5-3~图 5-6。

一台简易潜孔钻钻深度为 7 m 的垂直孔,需要 4 个人操作费时约 3 h;一台带机车的潜孔钻钻同等深度的孔深,需要 2 个人操作费时约 1 h。为保证边壁的开挖不出现欠挖,预裂孔或光爆孔钻孔孔位离边壁设计要求在 20 cm 内。虽然潜孔钻的机械效率较高,然而由于潜孔钻的臂杆较长,在上断面高度一定的情况下,无法满足孔位离边壁的设计要求,采用效率相对较低的简易潜孔钻。

图 5-3　钻边壁孔前调整钻机

图 5-4　简易钻钻预裂炮孔

爆破清孔、垫层放置、起爆网络等现场如图 5-7~图 5-10 所示。爆破后的效果如图 5-11~图 5-16 所示。

图 5-5 潜孔钻崩落

图 5-6 潜孔钻钻边壁崩落孔

图 5-7 工人正在爆破前清理爆孔内的渗水

图 5-8 工人正在往炮孔内放置垫层

图 5-9 工人正在整理起爆网络

图 5-10 导爆索连接好的预裂爆破(光面)网络

图 5-11　泄洪洞下断面爆后的爆渣　　　　　　图 5-12　泄洪洞下断面爆后的爆堆

图 5-13　泄洪洞下断面爆后的边壁光面边壁　　图 5-14　泄洪洞下断面爆渣清理后的预裂边壁

图 5-15　工人们正在为泄洪洞下断面喷锚支护　　图 5-16　浇筑前清理出来的底板

5.1.3　结论

经 2 次试验爆破起爆后观察,爆堆隆起 1.5~2 m 高,爆堆隆起均匀,第一排到临空面无前冲现象,前面原堆渣无明显位移现象,最后排略向前冲,两边墙处(光爆)略向内冲,预裂爆破无向内冲现象。

经开挖清底观察,第一试区(预裂爆破)底板局部有欠挖 20~40 cm(可能是孔距稍大),大多区域高程达到设计高程,主爆孔孔位处基本无超挖现象,底板处基本看不到爆破裂隙存在,两边墙预裂孔残孔清晰可见,残孔率较高,岩壁面较平整,看不到爆破裂隙存在,爆渣无大块石出现,岩石块径均匀,适合挖运。

第二试区(光面爆破)经开挖后清底查看,很少有欠挖现象,大多数区达到设计高程,主爆孔位处基本无超挖现象,底板处基本看不到爆破裂隙存在,两边墙光爆孔清晰可见,岩壁面较平整,残孔率高,看不到明显的爆破裂隙存在,爆渣无大块石出现,岩石块径均匀,适合挖运。

两个试验区爆破时没有大的飞石出现,无大的爆破振动出现,爆破后检查上部边墙拱顶的喷混凝土层未发现裂隙,更未出现松动、掉块现象,周围的围岩也未出现裂纹松动掉块现象,表明爆破对周围保留岩体未造成破坏。

从以上两次试验的爆破效果及对围岩的影响来看,以第二试区(光面爆破)的钻爆参数最为合理,是很成功的试验爆破,第一试区的炮孔间距略微显大,但也是成功爆破。

5.2 泄洪洞下断面爆破数值模拟

泄洪洞下断面有限元模型包含两种材料,岩石和乳化炸药,实体单元均采用Solid164三维实体单元,岩石采用 * MAT_PLASTIC_KINEMATIC 模型,乳化炸药采用 * MAT_HIGH_EXPLOSIVE_BURN 和状态方程 * EOS_JWL 来模拟,材料参数如表5-2所示。根据工程实际爆破情况取高度6 m、宽度12 m、纵深13 m的长方体为建模尺寸并施加无反射边界共划分238 948个单元,其中乳化炸药单元分为主爆孔单元2 304个,周边光爆孔单元2 304个。图5-17为按照实际爆破方案布置有限元模型。

表5-2 泄洪洞下断面岩石材料参数

参数	密度 (kg/m³)	弹性模量 (GPa)	泊松比	剪切模量 (GPa)	屈服极限 (MPa)	硬化参数	失效应力 (MPa)
数值	2 650	5	0.25	0.4	8.9	0.5	36

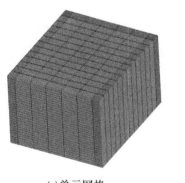
(a)单元网格

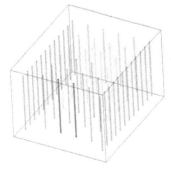
(b)炮孔位置

图5-17 单元网格及炮孔位置

泄洪洞下断面爆破过程数值模拟:该过程采用起爆顺序为主爆孔分批V形爆破—周边光爆爆破,如图5-18~图5-22所示。

时间 t =0.000 661 53 s
最大主应力等值面
最小值=−4.926 81e+08,位于单元206 335
最大值=3.403 87e+07,位于单元195 493

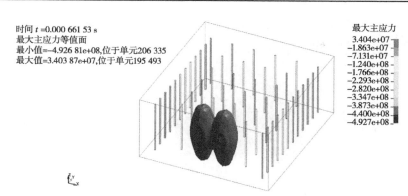

最大主应力
3.404e+07
−1.863e+07
−7.131e+07
−1.240e+08
−1.766e+08
−2.293e+08
−2.820e+08
−3.347e+08
−3.873e+08
−4.400e+08
−4.927e+08

时间 t =0.000 661 53 s
最大主应力等值线
最小值=−4.926 81e+08,位于单元206 335
最大值=3.403 78e+07,位于单元195 493
截面最小值=−1.049 71e+08,位于结点225 311附近
截面最大值=5.267 22e+06,位于结点29 822附近

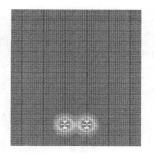

最大主应力
3.404e+07
−1.863e+07
−7.131e+07
−1.240e+08
−1.766e+08
−2.293e+08
−2.820e+08
−3.347e+08
−3.873e+08
−4.400e+08
−4.927e+08

图 5-18　主爆孔第一排爆破及最大主应力云图　（单位:Pa）

时间 t =0.001 614 8 s
最大主应力等值面
最小值=−6.076 07e+08,位于单元185 845
最大值=3.599 22e+07,位于单元185 842

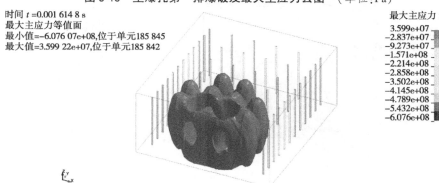

最大主应力
3.599e+07
−2.837e+07
−9.273e+07
−1.571e+08
−2.214e+08
−2.858e+08
−3.502e+08
−4.145e+08
−4.789e+08
−5.432e+08
−6.076e+08

时间 t =0.001 614 8 s
最大主应力等值线
最小值=−6.076 07e+08,位于单元185 845
最大值=3.599 22e+07,位于单元185 842
截面最小值=−1.492 14e+08,位于结点205 272附近
截面最大值=2.341 62e+07,位于结点220 004附近

最大主应力
3.599e+07
−2.837e+07
−9.273e+07
−1.571e+08
−2.214e+08
−2.858e+08
−3.502e+08
−4.145e+08
−4.789e+08
−5.432e+08
−6.076e+08

图 5-19　主爆孔第二排爆破及最大主应力云图　（单位:Pa）

时间 t =0.002 660 8 s
最大主应力等值面
最小值=−5.296 37e+08,位于单元137 425
最大值=3.598 48e+07,位于单元213 226

最大主应力
3.598e+07
−2.058e+07
−7.714e+07
−1.337e+08
−1.903e+08
−2.468e+08
−3.034e+08
−3.600e+08
−4.165e+08
−4.731e+08
−5.296e+08

时间 t =0.002 660 8 s
最大主应力等值线
最小值=−5.296 37e+08,位于单元137 425
最大值=3.598 48e+07,位于单元213 226
截面最小值=−1.592 98e+08,位于结点189 351附近
截面最大值=3.135 59e+07,位于结点229 052附近

最大主应力
3.598e+07
−2.058e+07
−7.714e+07
−1.337e+08
−1.903e+08
−2.468e+08
−3.034e+08
−3.600e+08
−4.165e+08
−4.731e+08
−5.296e+08

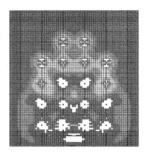

图 5-20　主爆孔第三排爆破及最大主应力云图　（单位:Pa）

时间 t =0.003 612 s
最大主应力等值面
最小值=−5.611 53e+08,位于单元9 535
最大值=3.598 82e+07,位于单元206 038

最大主应力
3.599e+07
−2.373e+07
−8.344e+07
−1.432e+08
−2.029e+08
−2.626e+08
−3.223e+08
−3.820e+08
−4.417e+08
−5.014e+08
−5.612e+08

时间 t =0.003 608 7 s
最大主应力等值线
最小值=−6.910 34e+08,位于单元16 046
最大值=3.599 2e+07,位于单元226 887
截面最小值=−1.689 8e+08,位于结点149 331附近
截面最大值=2.758 03e+07,位于结点200 777附近

最大主应力
3.599e+07
−3.671e+07
−1.094e+08
−1.821e+08
−2.548e+08
−3.275e+08
−4.002e+08
−4.729e+08
−5.456e+08
−6.183e+08
−6.910e+08

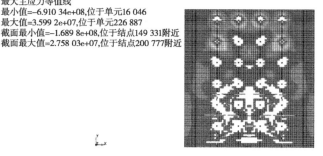

图 5-21　主爆孔第四排爆破及最大主应力云图　（单位:Pa）

时间 t =0.004 953 3 s
最大主应力等值面
最小值=-3.593 63e+08,位于单元238 851
最大值=3.599 71e+07,位于单元58 088

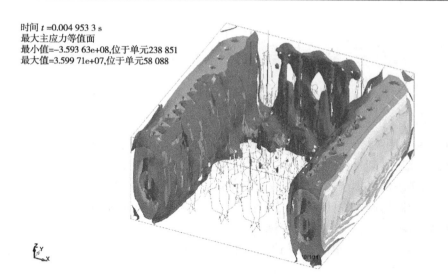

最大主应力

3.600e+07
-3.539e+06
-4.307e+07
-8.261e+07
-1.221e+08
-1.617e+08
-2.012e+08
-2.408e+08
-2.803e+08
-3.198e+08
-3.594e+08

时间 t =0.004 850 2 s
最大主应力等值线
最小值=-2.242 95e+08,位于单元140 362
最大值=3.599 68e+07,位于单元56 136
截面最小值=-2.505 19e+08,位于结点62 582附近
截面最大值=3.344 35e+07,位于结点89 518附近

最大主应力

3.600e+07
-1.919e+08
-4.198e+08
-6.477e+08
-8.756e+08
-1.103e+09
-1.331e+09
-1.559e+09
-1.787e+09
-2.015e+09
-2.243e+09

图 5-22　光爆孔爆破及最大主应力云图 （单位:Pa）

从图 5-18～图 5-22 可以看出,泄洪洞 V 形爆破,随着主爆孔的逐排爆破下断面岩石分层脱落,逐步形成断面洞形,最后光爆孔爆破形成了较好的壁面。

泄洪洞下断面试验研究及数值模拟结果表明,在河南省前坪水库安山玢岩爆破开挖技术中独特的隧洞下层台阶全断面无保护层挤压爆破与修路保通的施工方法是非常实用有效的。

第6章　明挖建基面无保护层一次开挖爆破技术研究

为探寻适合前坪水库溢洪道弱风化安山玢岩建基面保护层开挖技术,提高施工效率,减少建设投资和施工成本,通过对爆破孔间排距和孔底超钻深度控制、利用炸药锥形和环形聚能方法、采取孔底增加柔性垫层保护措施进行了爆破试验,在岩石特性和炸药单耗量确定的情况下,通过控制爆破孔孔间排距和超钻深度,采取柔性垫层措施,能够实现建基面保护层一次爆破开挖的目的,解决了常规模式下建基面开挖2~3次完成和耗时、耗工的难题,节省了人力、物力、财力,提高了施工效率,保证了施工质量,也可为同岩性条件下建基面爆破施工提供技术参考。

6.1　工程概况及特点

溢洪道布置于大坝左岸山体上,包括进水渠段、进口翼墙段、控制段、泄槽段及消能防冲段等五部分,属于深挖方工程。

6.1.1　基岩的主要特性

进水渠段建基面高程为399.0 m,位于弱风化安山玢岩上;控制段基岩裸露,岩性主要为弱风化上段安山玢岩;泄槽前段基岩裸露,岩性为弱风化安山玢岩,后段大致桩号0+363以后上部为覆盖层,下伏弱风化辉绿岩,岩体裂隙发育,裂隙走向以北西向为主,呈镶嵌碎裂结构,完整性较差,抗冲刷能力差;出口消能工段位于弱风化辉绿岩上,受构造影响,岩体多呈镶嵌碎裂结构,完整性较差,抗冲刷能力差,消能工下游二级阶地覆盖层厚度为7.0~11.1 m,岩性为土壤和卵石,下伏基岩为弱风化安山玢岩。

6.1.2　基面开挖施工方法

溢洪道建基面开挖强度高、清基强度大,若按预留保护层水平预裂爆破的开挖方式难以达到施工工期的要求。因此,研究探索新型高效的施工工艺,加快基面开挖速度,是确保溢洪道建基面开挖如期完成的关键。

为保证基面开挖的完整性和平整性,尽量减少爆破振动对基面岩体的影响,开挖采用梯段爆破技术,梯段高度为10 m;基面保护层的梯段高度为2~4 m,试验采用孔底填柔性垫层、孔间毫秒微差爆破的一次爆破法施工爆破,即采用柔性垫层使炮孔底部形成不耦合的装药结构,加柔性垫层后使药卷不与炮孔底部直接接触,从而减少了介质传递爆破冲击的作用。

6.2　保护层一次开挖爆破试验

溢洪道建基面为弱风化安山玢岩和弱风化辉绿岩,岩石级别为Ⅻ~ⅩⅣ级,开挖强度高、难度大。爆破开挖施工过程中尽量减少爆破振动对基面岩体的影响,确保建基面的整体性和完整性。建基面保护层厚度一般为 3 m 左右,局部厚度为 2 m 或 4 m,若按常规逐层爆破清理预留保护层的方法进行施工,难以达到预定施工工期的要求。因此,探求新型高效的、先进的施工工艺,加快整个建基面保护层的开挖施工进度,确保建设工期内按期完成工程建设任务迫在眉睫。

为了达到"将保护层一次爆破到设计高程,建基面不产生破坏性影响,清基后基础面质量良好,符合验收标准,超欠挖值控制在规范允许的范围内,爆破料粒径满足填筑大坝要求的"目的,爆破试验结合前期生产所进行的相关爆破试验数据,主要采取了钻孔精度控制、孔底填柔性垫层、炸药聚能、不耦合装药、排间微差起爆等措施,取得了良好的效果。

6.2.1　试验方案

6.2.1.1　起爆网络

起爆网络采用排间微差起爆方式,利用毫秒导爆管和非电雷管进行起爆,每一排炮孔使用相同段别的雷管。临近水平建基面处放置的聚能药包要先于上部主药包同时一次性起爆,上部主药包以临空面为起始边。1 区和 2 区起爆网络相同,在此只给出了 1 区的网络结构平面图(见图 6-1),连接好的起爆网络如图 6-2 所示。

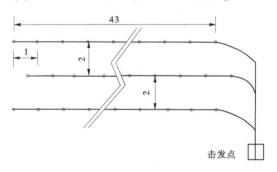

图 6-1　起爆网络结构平面图(1 区)　(单位:m)

6.2.1.2　钻孔精度控制

爆破孔为铅垂孔,梅花形布置,采用 HCR1200 型古河液压凿岩机造孔,成孔直径 90 mm,依据规范要求,孔位偏差控制在±10 cm 以内,钻孔深度偏差控制在 10 cm 以内。

现场施工技术人员根据爆破工程师的设计进行现场孔位布置,不得随意修改相关参数,布置好的孔位用鲜艳色彩标记,根据现场实际情况画出带有标注的布孔图,标注孔深、孔排距、间距、数量等信息,现场向施工技术人员和钻孔机械操作工人进行技术交底,确保爆破孔各项参数的准确性。钻孔时,施工技术人员应旁站施工,时刻观察钻孔机械,及时

图 6-2　连接好的起爆网络

校核钻孔质量,确保钻孔成功率和可使用率。钻孔前,孔口周围的碎石、杂物应清除干净,测量人员实测各孔的孔口高程,校核钻孔深度,同时用钢角尺、铅垂线校核钻孔垂直度。钻孔结束后,用测量绳(一端为长 50 cm、直径 8 mm 的钢筋)测量钻孔深度,确保钻孔合格率;钻孔完成并经检查合格后,暂时对钻孔进行封口保护,保证钻孔质量。

6.2.1.3　爆破孔孔底放置柔性垫层

为防止或减弱爆破破坏设计开挖面以下岩体,在炮孔底部放置柔性垫层,柔性垫层材料为锯末或砂子。在柔性垫层的缓冲作用下,可以避免或减少爆破对建基面的影响。

因超钻深度和底部炸药聚能方式的不同,柔性垫层的厚度也存在差异。炸药聚能药包上部 20 cm 为柔性垫层物质,下部柔性垫层物质的厚度根据爆孔超钻深度的不同而不同,具体安装形式如图 6-3 所示。

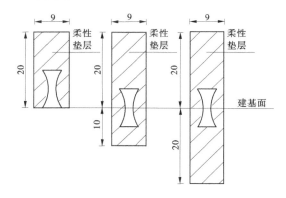

图 6-3　爆破孔底柔性垫层结构图　(单位:cm)

6.2.1.4　炸药聚能及装药方式

爆破采用岩石粉状乳化炸药和直径 32 mm 药卷,均由汝阳县民爆公司配送,确保供应火工材料的质量。

1. 炸药聚能

在爆破试验中,炸药聚能的方式应用了两种(见图 6-4):一种是铜质锥形聚能;另一种是铜质环形聚能。无论是哪一种炸药聚能罩,都是为了汇聚炸药爆破时的动能,提高其穿透力和切割力。

环形聚能罩

锥形聚能罩

图 6-4　聚能罩

铜的密度比较高,可压缩性较小,但是它又有良好的塑性和延展性,在炸药爆破瞬间巨大的射流冲击过程中不会产生汽化现象,所以在爆破试验时,应选择铜质药形聚能罩。

2. 装药方式

采用药卷直径 32 mm 的粉状乳化炸药,它具有爆炸临界直径小、抗水性强的突出优点。

聚能药包由炮工制作,在聚能罩内装满粉状炸药,用木棍轻轻捣实,内置 5# 导爆管。有超钻深度的爆破孔,聚能罩中间部位与水平建基面在同一平面上,没有超钻深度的爆破孔,确保聚能罩底部位于水平建基面上,并在聚能罩周围用细砂填满,确保聚能罩周围和顶部不低于 20 cm 为柔性材料。药卷间隔 15~20 cm 利用防水胶布固定在竹片上,并用导爆索相连。聚能药包如图 6-5 所示。爆破孔装药结构示意图如图 6-6 所示。

图 6-5　聚能药包

6.2.1.5　爆破参数确定

根据现场实际情况,爆破试验根据爆孔间排距分为两大区,1 区爆孔间排距 2 m×1

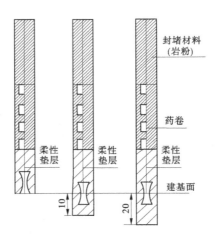

图 6-6　爆破孔装药结构示意图　（单位:cm）

m,2 区爆孔间排距 3 m×1 m;根据爆孔超钻深度和炸药聚能方式不同,每个大区又分为 6 个小区,每个小区 27 个爆孔,分为 3 排、梅花形布置,爆孔超钻深度分别为 0、10 mm、20 cm,炸药采用锥形和环形的聚能方式,炸药单耗值 0.38 kg/m³（此炸药单耗值依据前期开挖弱风化岩炸药单耗量取值）,采用直径 3.2 cm 药卷不耦合装药,并根据现场孔深实际情况计算、调整单孔装药量。爆破参数如表 6-1、表 6-2 所示。

表 6-1　试验 1 区爆破参数

主爆试验区序号	①	②	③	④	⑤	⑥
排距×孔距(m×m)	2×1					
平均台阶高度(m)	2	2	3	3	3	3
超钻深度(m)	0	0.1	0.2	0	0.1	0.2
孔径(mm)	90					
布孔形式	梅花形					
钻孔倾角(°)	90					
炸药单耗值(kg/m³)	0.38					
单孔装药量(kg/孔)	2.4	2.4	3.6	3.6	3.6	3.6
炸药品种	乳化炸药(卷装、直径 32 mm)					
孔口堵塞长度(m)	1.2	1.2	1.8	1.8	1.8	1.8
起爆方式	排间微差					
孔底减震措施	孔底采用柔性垫层(砂或锯末)					
孔底炸药聚能形式	环形			锥形		

表 6-2 试验 2 区爆破参数

主爆试验区序号	⑦	⑧	⑨	⑩	⑪	⑫
排距×孔距(m×m)	3×1					
平均台阶高度(m)	3	3	3	3.5	3.5	3.7
超钻深度(m)	0	0.1	0.2	0	0.1	0.2
孔径(mm)	90					
布孔形式	梅花形					
钻孔倾角(°)	90					
炸药单耗值(kg/m³)	0.38					
单孔装药量(kg/孔)	3.6	3.6	3.6	4.6	4.6	4.8
炸药品种	乳化炸药(卷装、直径 32 mm)					
孔口堵塞长度(m)	1.8	1.8	1.8	2.3	2.3	2.4
起爆方式	排间微差					
孔底减震措施	孔底采用柔性垫层(砂或锯末)					
孔底炸药聚能形式	环形			锥形		

6.2.2 爆破效果及观测结果

爆破时没有大的飞石现象,无大的爆破振动出现,爆堆向临空方向抛掷约 1.5 m,爆堆隆起 0.5~1 m 高,爆堆隆起较为均匀,爆破料中无较大块石(粒径≥60 cm)出现,近距离观察可见,爆破料岩石块径均匀且级配连续性较好,如图 6-7、图 6-8 所示。

图 6-7 起爆临边抛掷

爆破后虽然没有较大石块,但只能说明爆破料满足设计要求上限值,爆破料级配连续性、最小颗粒含量是否满足设计要求,还要通过现场取样、筛分试验来确定。在现场监理见证下,实验室对各区域爆破料进行了取样筛分试验,结果(见表 6-3)显示,爆破料级配

图 6-8

表 6-3　爆破筛分结果统计

设计指标	最大粒径≤600 mm	5 mm 细颗粒 ≤25%	0.075 mm 细颗粒 ≤5%	级配连续性	设计指标	最大粒径≤600 mm	5 mm 细颗粒 ≤25%	0.075 mm 细颗粒 ≤5%	级配连续性
1 区	合格	19.7%	1.7%	连续	7 区	合格	20.3%	1.9%	连续
2 区	合格	21.1%	1.9%	连续	8 区	合格	18.7%	1.6%	连续
3 区	合格	20.6%	1.5%	连续	9 区	合格	19.5%	1.7%	连续
4 区	合格	18.2%	1.8%	连续	10 区	合格	21.8%	1.9%	连续
5 区	合格	19.4%	2.1%	连续	11 区	合格	22%	2.2%	连续
6 区	合格	20.7%	2%	连续	12 区	合格	21.7%	1.8%	连续

连续性和细颗粒含量均满足设计要求,可以作为可利用料填筑大坝使用。

爆破料开挖清运后进行建基面超欠挖测量。根据爆破孔位置,每个区域测量 2 个爆孔中间点的高程,即每个区域抽取 16 个点测量其高程(见图 6-9),通过测量点的合格率,对爆破参数进行评估筛选。

图 6-9　爆破开挖效果

依据《水工建筑物岩石基础开挖工程施工技术规范》可知,水平建基面开挖施工,其高程允许超挖不超过 20 cm、欠挖不超过 10 cm。通过测量发现,1 区、4 区、7 区、10 区爆破孔底高程按照设计要求控制,没有超钻,爆破后普遍存在欠挖情况;2 区、5 区、8 区、11区爆破孔底高程按照设计要求超钻 10 cm 控制,爆破后同样存在欠挖情况,8 区、11 区建基面测量点合格率较低,2 区、5 区建基面测量点合格率较高;3 区、6 区、9 区、12 区爆破孔底高程按照设计要求超钻 20 cm 控制,3 区、6 区建基面测量点合格率较高。爆孔中间点建基面高程测量结果统计见表 6-4。

表 6-4　爆孔中间点建基面高程测量结果统计

区号	测量数据(cm)	合格率(%)
1	−20、−19、−18、−17、−19、−22、−20、−19、−23、−20、−22、−20、21、−19、−23、−25	0
2	−10、−9、−8、−7、−9、−2、−10、−9、−13、−10、−12、−10、9、−7、−7、−8	87.5
3	−3、−9、+10、+8、+7、−1、+8、−7、−9、+8、+5、+9、+2、−13、+7、−8	93.8
4	−19、−22、−20、−19、−23、−20、−22、−20、−20、−19、−18、−17、21、−19、−23、−25	0
5	+2、+10、0、+8、+7、+9、−8、−7、−9、−8、−15、−9、+9、−7、+7、−8	93.8
6	+12、+10、+11、+8、+7、+9、+8、−7、−9、+8、+15、+9、+21、+7、+7、−8	93.8
7	31、−29、−33、−30、−29、−28、−27、−29、−32、−30、−29、−33、−30、−32、−30、−35	0
8	−18、−12、−9、−14、−7、−2、+3、−7、−9、+6、−15、−11、−4、−7、−13、−8	62.5
9	−18、−10、−9、−14、−7、−2、+3、−7、−9、+6、−15、−11、−4、−7、+7、−8	75
10	−29、−28、−27、−30、−35、−29、31、−29、−32、−30、−29、−33、−30、−32、−33、−30	0
11	−21、−17、−9、−14、−7、−7、−9、+6、−2、+3、−10、−11、−14、−7、−13、−18	56.3
12	−13、−8、−7、−2、+3、−7、−9、+6、−11、−19、−16、−9、−14、−11、−4、−7	62.5

　　通过试验可知,在岩性确定即岩石类型和等级确定、爆破料满足填筑大坝的设计要求的炸药单耗量确定的前提下,我们可以得出以下结论:

　　(1)爆破孔底按照设计建基面高程不超钻钻孔,爆破后造成建基面欠挖,合格率低,不满足要求。

　　(2)爆破孔底按照设计建基面高程超钻 10 cm 和 20 cm 控制,爆破孔排距的大小是影响建基面开挖的重要因素,而使用何种炸药聚能方式影响不大,使用环形聚能罩容易存在欠挖的风险。

　　(3)根据试验可知,在爆破孔间排距 2 m×1 m 的情况下,爆破孔底高程超钻 20 cm 控制,使用锥形或环形炸药聚能方式,都能满足建基面开挖要求。同类型岩性工程中,可以参考该试验数据,以确定相应工程中所需相关参数,减少试验工程量,节约成本,达到节能高效的目的。

第 7 章　爆破开挖对周围建筑物的影响

本章结合输水洞明挖爆破现场实测数据对前坪水库安山玢岩爆破开挖引起的振动对周围建筑物的影响进行评价。

7.1　输水洞明挖工程概况

前坪水库输水洞电站项目工程,位于河南省汝阳县上店镇西庄村西边,电站的输水洞直径 4.3 m,全长 300 m,输水洞出口及电站基础石方明挖段里程桩号:K0+324~K0+416。

输水洞出口明挖段爆破环境特别复杂,1#爆区东边距西庄村最近距离 85 m,高差 8 m,西边距导流洞最近距离 30 m,高差 5 m,东南距正在运行的 35 kV 高压变电站及高压电线路最近点 43 m,高差 15 m。

输水洞出口明挖段 1#爆区岩石为安山玢岩,根据 1#爆区爆破施工设计方案,炮孔直径 $D=90$ mm,炮孔孔距 $a=2.8$ m,炮孔排距 $b=2.8$ m,孔深 $L=3\sim5$ m,钻孔倾角为 90°,主爆孔炮孔共 4 排,每排 8 个主爆孔,共 32 个主爆孔,预裂孔共 10 个孔。主爆孔单孔装药量 7~14 kg/孔,堵塞长度 1.5~2 m,炸药单耗值 $q=0.35$ kg/m³。

爆破采用毫秒微差延期起爆系统,共分 13 个段别,每个段别延期时间大于 50 ms,每 2~3 个炮孔为一个起爆段别,最大一段起爆药量为 30 kg。

为了评价和控制爆破振动对周围村庄民房、水工隧洞和高压变电站供电设施的影响程度,评价爆破效果为合理调整以后的爆破参数提供科学依据,输水洞电站项目部的爆破振动测试专业人员对本次爆破施工的爆破振动强度进行了观测测量。

7.2　爆破观测评价依据

(1)《爆破安全规程》(GB 6722)。
(2)《民用爆炸物品安全管理条例》(国务院令第 466 号)。
(3)《油浸式电力变压器技术参数和要求》(GB/T 6451)。
(4)《前坪水库输水洞电站项目部工程露天爆破施工方案》。

7.3　观测物理量的选用

选择作为爆破振动破坏判据的最佳物理量,是质点垂直振动速度为衡量爆破振动效应的标准,质点垂直振速与爆破振动破坏程度的相关性最好,振速与岩土性质有比较稳定的关系,所以 GB 6722 中规定,地面建筑物的爆破振动为保护对象所在地的质点峰值振动速度和主频率;建筑物、水工隧洞、电站(厂)中心控制室设备、新浇混凝土的爆破振动判据采用保护对象所在地的质点峰值(最大)振动速度,因此此次爆破振动观测评价采用质点振动速度作为破坏判据。

7.4　观测系统的选择

合理地选择爆破振动速度观测仪器系统,正确地操作和使用观测仪器系统各部分是非常重要的,它直接关系爆破振动速度观测结果的真实性,准确性。本次选择爆破振动速度观测系统时,根据现场实际情况预估被测信号的幅值范围和频率分布范围,选择的观测系统幅值范围上限应高于被测信号幅值上限的 20%,频响范围应包含被测信号的领率分布范围,杜绝出现消波、平台等情况。根据这个选择观测系统原则,选择成都泰测科技公司出品的 EMI430552 型爆破测速仪及速度传感器、低噪声屏蔽电缆、振动记录仪和计算机组成的观测系统,作为本次爆破振动观测系统。

7.5　观测点布置

测点布置应根据观测目的和现场实际情况确定,本次观测主要目的是确定距爆破点距离最近的 35 kV 变电站及 35 kV 输电线路及变电站的构(建)筑物受爆破振动的影响程度。

和 35 kV 变电站的建筑物相比,因村庄民房距爆破点较远,变电站建筑物未受到爆破振动的影响破坏的情况下,距离较远的村庄民房也不会受到爆破振动破坏,所以不对村庄民房进行布点观测。

因导流洞是 C25 钢筋混凝土衬砌的水工隧洞,且位于爆破点下方,距离和 35 kV 变电站也相差不大,一般水工隧洞的安全允许振速较大,在 7～15 cm/s,完全大于 35 kV 变电站的建筑物的安全允许振动速度,在这种情况下,35 kV 变电站建筑物未受到爆破振动的影响破坏的情况下,安全允许振速较大的水工导流洞也不会因受到爆破振动而损坏,所以不对导流洞布点观测。

因此,只选用 35 kV 变电站为本次观测的保护对象,只把观测点布置在变电站。爆破点距被保护对象 35 kV 变电站的距离 $R = 43$ m。

测点—爆区平面示意图见图 7-1。

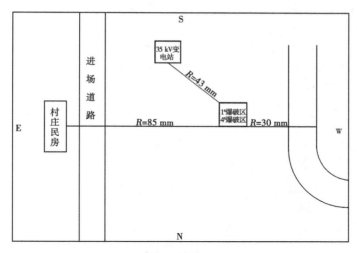

图 7-1　测点—爆区平面示意图

7.6　观测数据

本次现场爆破振动观测于 2017 年 8 月 28 日 11 时进行,观测了输水洞出口段石方明挖 1# 爆破区的爆破,共观测了一个炮次,实测 X、Y、Z 三个方向的爆破振动波形图各一条,经过对这些波形图的频谱分析和时域分析,得出质点峰值振动速度、主频率振动、持续时间等数值,详见测量数据图 7-2。爆破地震波的主要参数变化范围如下:

(1)质点峰值振动速度在 0.286 5~0.687 6 cm/s 之间变化。

(2)主频率在 8.0~12.4 Hz 之间变化。

(3)质点振动持续时间在 0.075~0.302 5 s 范围内变化。

7.7　测试结果分析

经本次观测,实测质点峰值振动速度值 0.286 5~0.687 6 cm/s,最大质点峰值振动速度值 0.687 6 cm/s,小于或等于运行中的水电站及发电厂中心控制室设备爆破安全允许质点振动速度 v=0.6~0.7 cm/s,因此认为此次前坪水库电结输水洞出口石方明挖 1# 爆破区的爆破振动不会对 35 kV 变电站及 35 kV 高压输电线和周边建筑物造成损坏性影响。

从主频率因素看,观测点的主频率在 8.0~12.4 Hz 之间变化,爆破振动频率大于建筑物的固有频率(一般为 3 Hz),爆破振动不会和周边建筑物发生共振,因此建筑物也不会因共振而出现损坏。

爆破前,先对 35 kV 变压器进行拉闸停电,然后再实施爆破作业。

35 kV 变压器抗地震能力为 8 级,且爆破前先对 35 kV 变电站进行拉闸停电后,再进行爆破,所以爆破质点振动速度不会对变电站造成振动破坏,也不会因爆破主频率引起变电器共振现象。

仪器名:EM1430552　　　　测试单位:河南省水利第二工程局　　　测试地点:前坪水库 35 kV 变电站
文件名:20170828114332　　测试人员:张成仁　　　　　　　　　测试时间:2017 年 8 月 28 日 11 时 43 分 32 秒

通道名	最大值	最大值时间	半波频	FFT 主频	量程	灵敏度系数
X 方向振动	0.286 5 cm/s	0.302 s	10.7 Hz	11.5 Hz	35.236 cm/s	28.380 V/(m·s)
Y 方向振动	0.687 6 cm/s	0.284 s	14.5 Hz	8.0 Hz	35.971 cm/s	27.800 V/(m·s)
Z 方向振动	0.584 1 cm/s	0.075 s	12.0 Hz	14.4 Hz	34.990 cm/s	28.580 V/(m·s)

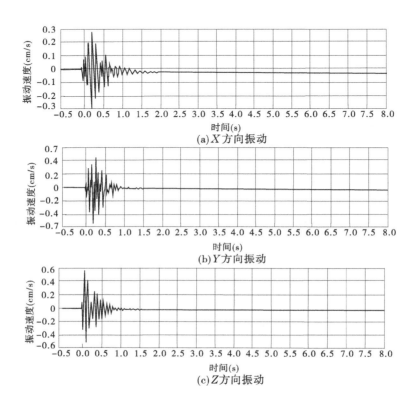

(a) X 方向振动

(b) Y 方向振动

(c) Z 方向振动

数据评估
根据《爆破安全规程》(GB 6722—2014)振动安全标准对于一般砖房、非抗震的大型砌块建筑物　本次测量:
　　X 方向质点振动速度在频率 10~50 Hz、2.3~2.8 cm/s 的标准规定范围内;
　　Y 方向质点振动速度在频率<10 Hz、2.0~2.5 cm/s 的标准规定范围内;
　　Z 方向质点振动速度在频率 10~50 Hz、2.3~2.8 cm/s 的标准规定范围内。

图 7-2　测量数据图

　　《爆破安全规程》(GB 6722—2014)规定,对地面建筑物的爆破振动判据,采用保护对象所在地点峰值振动速度和主振频率;水工隧道、交通隧道、矿山巷道、电站(厂)中心控制室设备爆破振动判据,采用保护对象所在地质点峰值振动速度。爆破振动安全允许标准如表 7-1 所示。

7-1　爆破振动安全允许标准

序号	保护对象类别	安全允许质点振动速度 v(cm/s)		
		$f \leqslant 10$ Hz	10 Hz$<f \leqslant 50$ Hz	$f > 50$ Hz
1	土窑洞、土坯房、毛石房屋	0.15~0.45	0.45~0.9	0.9~1.5
2	一般民用建筑物	1.5~2.0	2.0~2.5	2.5~3.0
3	工业和商业建筑物	2.5~3.5	3.5~4.5	4.2~5.0
4	一般古建筑与古迹	0.1~0.2	0.2~0.3	0.3~0.5
5	运行中的水电站及发电厂中心控制室设备	0.5~0.6	0.6~0.7	0.7~0.9
6	水工隧洞	7~8	8~10	10~15
7	交通隧道	10~12	12~15	15~20
8	矿山巷道	15~18	18~25	20~30
9	永久性岩石高边坡	5~9	8~12	10~15
10	新浇大体积混凝土(C20)			
	龄期:初凝~3 d	1.5~2.0	2.0~2.5	2.5~3.0
	龄期:3~7 d	3.0~4.0	4.0~5.0	5.0~7.0
	龄期:7~28 d	7.0~8.0	8.0~10.0	10.0~12

注:爆破振动监测应同时测定质点振动相互垂直的三个分量。

7.8　小　结

(1)已测出的爆破振动数据表明,1#爆破区质点峰值振动速度在 0.286 5~0.687 6 cm/s 范围之内,在《爆破安全规程》(GB 6722—2014)中对运行的水电站及发电厂中心控制室设备规定的安全允许振速 v=0.6~0.7 cm/s 范围之内,满足国家标准规定的安全允许振速要求。

(2)已测出的爆破振动主频率在 8.0~12.4 Hz 之间变化,爆破振动不会和建筑物发生共振,因此爆破振动不会对周围建筑物产生破坏影响,满足要求。

(3)《35 kV 油浸式变压器技术标准》中规定 35 kV 变压器抗震能力设计为 8 级,抗震能力远大于 1#爆破区产生的质点峰值振动速度 v=0.687 6 cm/s。爆破质点振动不会对变压器造成破坏,且爆破是在拉闸停电情况下进行的,所以爆破主频率也不会引起 35 kV 变压器共振现象,不会引起 35 kV 变压器的破坏。

第8章　全断面无保护层挤压爆破
开挖效益分析

8.1　泄洪洞下层面采用全断面无保护层
挤压爆破开挖效益分析

泄洪洞下层洞挖采用全断面无保护层挤压爆破开挖工艺,垂直底板钻孔,开挖进尺不受施工场地限制,一次开挖段较长,集中出渣,挖运设备使用时间集中,开挖效率高,施工成本低;SL 378 推荐的施工方法为台阶法开挖,下台阶施工方法与上台阶施工方法基本一致,垂直掌子面钻孔,钻孔爆破开挖循环进行,根据围岩情况,每循环开挖 3~5 m。

8.1.1　工艺特点及与传统工艺对比

泄洪洞下层洞挖全断面无保护层挤压爆破开挖工艺特点主要有:垂直底板钻主爆孔(孔距2.1 m×2.1 m),靠近边壁钻垂直光爆孔(孔距0.7 m),主爆孔全部采用履带式潜孔钻成孔,边壁光爆孔采用简易潜孔钻成孔,不在掌子面上钻孔,钻孔机械化程度高,开挖进尺不受施工场地限制,一次开挖段较长,集中出渣,挖运设备使用时间集中,且上半洞未贯通之前,利用上半洞钻孔时间对下半洞出渣,并修筑上半洞出渣道路,形成上下半洞开挖循环,上半洞贯通后,下半洞出渣不受限制,可进一步延长钻爆开挖段长度,开挖效率高,施工成本低。

SL 378 推荐的施工方法为台阶法开挖,下台阶施工方法与上台阶基本一致,采用光面爆破技术,垂直掌子面钻主爆孔(孔距),沿开挖轮廓线钻设光爆孔(孔距),钻孔均采用手持风钻成孔,钻孔爆破出渣循环进行。根据围岩情况,每循环开挖 3~5 m,每循环爆破完出渣一次,并清理掌子面,由于洞内空间有限,无法修筑上半洞出渣道路,对上半洞开挖作业影响较大。

对比可知,泄洪洞下层洞挖采用的全断面无保护层挤压爆破开挖工艺具有施工效率高、机械化程度高、设备闲置时间短、施工组织和洞内交通更便利等优点。

8.1.2　现场实测人、材、机消耗量对比

8.1.2.1　钻爆工序主要消耗量对比

经现场实测,在采用全断面无保护层挤压爆破开挖工艺进行泄洪洞下半洞开挖时,人、材、机的主要消耗量为:钻孔孔距为 2.1 m×2.1 m,边壁光爆孔间距 0.7 m,孔深均为 6.0 m,每循环段长为 12 m(上半洞贯通前),开挖量约为 650 m^3,钻孔数量为 288 个,炸药用量为 479 kg(主爆孔用量为 331 kg,预裂孔用量为 148 kg),雷管数量为 48 个,工时数量为 284 个,即每 100 m^3 开挖量钻孔数量为 44 m,炸药用量为 73.7 kg,雷管用量为 7.5 个,

工时用量为 43.7 个。

按照 SL 378 推荐的平洞石方开挖工艺,下半洞爆破参数与上半洞的基本一致,参考上半洞相关数据,结合下半洞特点,每循环按 3 m 计算,主要消耗量为:主爆孔钻孔孔距 1.0 m×1.0 m,边壁光面孔间距为 0.5 m,孔深均为 3 m,每循环开挖工程量约为 163 m³,钻孔数量约为 240 m,炸药用量为 136 kg(崩落孔 86 kg,光爆孔 29 kg,底线孔 21 kg),雷管数量为 80 个,工时数量为 136 个,即每 100 m³ 开挖量钻孔数量为 147 m,炸药用量为 83.4 kg,雷管用量为 49 个,工时用量为 83.4 个。

对比可知,仅钻爆施工工序,每 100 m³ 开挖量约减少钻孔 103 m、炸药 10 kg、雷管 42 个,工时 40 个,由于两种方法采用的钻机不同,设备台时费用也不同,潜孔钻约为 120 元/h,手风钻约为 30 元/h,钻孔涉及的钻杆、钻头等消耗量均含在钻机台时费内,参考目前市场价格,每开挖 100 m³ 节省施工成本 1 680 元,即 16.8 元/m³。

8.1.2.2　挖运工序消耗量对比

现场洞挖出渣投入的挖运设备主要有:1 m³ 挖掘机 1 台,15 t 自卸汽车 2 台。根据现场施工情况,下半洞开挖分为两种工况,即上半洞贯通前和上半洞贯通后,具体测算情况如下:

上半洞贯通前,挖运设备主要以上半洞开挖为主,挖运设备闲置时间较多,受上半洞开挖制约,两种工艺闲置时间差别不大,重点分析出渣效率提高对施工成本的影响。采用全断面无保护层开挖下半洞长度为 12 m,挖运出渣用时 8 h;采用传统方法开挖长度为每循环 3 m,每循环出渣用时 3 h,净挖运出渣 12 m 需用时 12 h。经计算,前者净出渣效率为 1.5 m/h,后者净出渣效率为 1 m/h,每开挖 12 m 节省出渣用时 4 h,即节约 1 m³ 挖掘机 4 台时,15 t 自卸汽车 8 台时,结合目前设备台时费(1 m³ 挖掘机 196 元/台时,15 t 自卸汽车 146 元/台时),开挖 12 m 共节约 1 952 元,折合 3 元/m³。

上半洞贯通后,采用全断面无保护层开挖下半洞每循环长度延长至 48 m,挖运出渣用时 16 h,每循环间隔 24 h;采用传统方法开挖长度每循环仍为 3 m,出渣用时 3 h,每循环间隔 8 h;经计算,前者净出渣效率为 3 m/h(合 162.5 m³/h),闲置时间为 0.5 h/m,后者净出渣效率为 1 m/h(合 54.2 m³/h),闲置时间为 2.7 h/m。分别计算节省的台时费和闲置费,前者出渣台时费合 3 元/m³,闲置费合 3.69 元/m³,后者出渣台时费合 9 元/m³,闲置费合 9.6 元/m³,综合考虑节省的台时费和闲置费,合 11.9 元/m³。

上半洞贯通前、后下半洞的开挖量约为 6 500 m³ 和 22 540 m³,挖运工序共节省施工成本约 28.8 万元,合 9.92 元/m³。

8.1.2.3　工序消耗量减少降低的施工成本测算

结合上述工序测算的人材机消耗量和市场价格,采用全断面无保护层挤压爆破开挖工艺减少了钻孔数量、火工材料用量和人工工时数量,提高了挖运设备工作效率,降低了挖运设备的闲置率,综合降低成本约合 26.52 元/m³。

8.1.3　施工成本及经济效益分析

泄洪洞下半洞的总开挖量约为 2.8 万 m³,仅从钻爆、开挖工序上测算,直接工程成本就降低 70 多万元,再考虑总工期缩短(提前 45 d 全断面贯通)、管理费用减少、其他设备闲置时间减少,按照目前施工企业的管理费率15%计算,总成本节约不少于105万,经济效益显著。

8.2　溢洪道无保护层一次爆破开挖效益分析

溢洪道进水渠段和泄槽段建基面采用不预留保护层,一次性爆破开挖至建基面,减少了单独的保护层开挖施工工序,提高了施工效率,降低了施工成本。

8.2.1　工艺特点及与传统工艺对比

按照 SL 378 规范,石方明挖建筑物基础水平建基面采用预留保护层,分层进行保护层开挖的方式施工,根据溢洪道的岩石特性和级别,应预留保护层厚度约为 1.5 m,保护层开挖采用小孔距、低装药量的密集爆破,孔距一般为 1.0 m×1.0 m;溢洪道岩石开挖通过本次试验验证,不预留保护层,在孔底添加柔性垫层,在合适的装药量和合理的起爆顺序作用下,一次性开挖至建筑物建基面,开挖深度可达到 3~5 m,减少了专门的保护层开挖爆破工序,石方爆破开挖效率提高。

8.2.2　现场实测人、材、机消耗量对比

采用无保护层一次爆破开挖技术,保护层开挖与其他岩石开挖工艺相同,采用本试验成果中的参数,经现场实测,400 m² 爆破范围的爆破方量为 1 200 m³,实测钻孔 108 个,孔距按 2.0 m×1.8 m 布置,孔深 3.0 m,钻孔总长为 324 m,总装药量为 388 kg,雷管用量 108 个,每 100 m³ 石方开挖的钻孔数量约为 27 m,炸药用量约为 32.5 kg,雷管用量约为 9 个,导爆索用量约为 320 m;按照原保护层开挖方案,每 100 m³ 石方开挖的钻孔数量约为 78 m,炸药用量约为 74 kg,雷管用量约为 65 个,导爆索用量约为 580 m。

对比可知,采用无保护层开挖工艺每开挖 100 m³ 减少钻孔 51 m,减少炸药用量 40 kg,减少雷管用量 56 个,减少导爆索用量 260 m,由于两种施工工艺均采用潜孔钻钻孔,对应的钻头、钻杆和人工消耗量基本一致,仅对差别较大的要素进行分析。结合目前市场信息价格,每开挖 100 m³ 保护层节约工程直接成本约 2 646 元,即 26.5 元/m³。工程管理费投入按照施工企业平均 15% 的费率计算,减少工程成本约 30.5 元/m³。

8.2.3　施工成本及经济效益分析

溢洪道建筑物水平建基面面积约为 4.5 万 m²,应预留的保护层工程量约为 6.8 万 m³,仅从节约钻孔、炸药、爆破材料等的用量上,施工成本已大幅降低,减少工程施工直接成本约 210 万元,再考虑保护层施工进度加快,减少爆破次数,对周边生产生活环境的影响有效降低,显著降低施工成本,经济效益可观。

8.3　社会效益分析

泄洪洞采用下断面无保护层挤压爆破开挖和溢洪道建基面采用不预留保护层一次爆

破到位的施工工艺,加快了施工进度,保证了泄洪洞 1 年内完工,为大坝截流和 2017~2018 年安全度汛创造了有利条件;通过试验,溢洪道开挖料满足主坝填筑用料需求,减少了大坝填筑的坝料开采量,对砂石等矿产资源的开采使用数量减少,减少了坝料开采的征地,降低了对河道的影响;有效增加了一次爆破开挖工程量,减少了爆破次数,减少了钻孔数量,降低了因钻孔对作业人员的职业健康危害,降低了因爆破对当地交通、居民生活的影响,减少了因钻孔和爆破产生的粉尘,对大气污染治理发挥积极作用;作为一种爆破开挖方式的研究,对行业内外的相似工程有一定的借鉴指导意义,同时为规范和定额的修编也提供了部分基础资料。

第9章　爆破开挖设备研究

9.1　非电起爆网络二门多通连接器装置

9.1.1　简介

　　工程爆破中,常用的非电起爆网络是指塑料导爆管和导爆索构成的起爆网络,塑料导爆管和导爆索是两种不同的起爆器材,导爆索可以直接起爆炸药和塑料导爆管,而塑料导爆管只能引爆导爆管雷管,不能直接引爆炸药或导爆索;对于炮孔内和非电起爆网络中导爆索与导爆索、导爆索与塑料导爆管,以及塑料导爆管与塑料导爆管之间的连接和接长,现有技术主要采用导爆索与导爆索绑扎搭接互连接长;导爆索与塑料导爆管绑扎搭接互连接长,以及塑料导爆管和塑料导爆管之间均以捆绑导爆管雷管进行互连接长。互连接长时它们都是采用人工绑扎搭接,搭接长度较大浪费材料,安全性低,且人工绑扎随意性大,可靠性差,绑扎不牢时容易造成网络拒爆,影响整个爆破效果。塑料导爆管之间如需多次进行互连和接长,则需在塑料导爆管上连接多枚接头雷管,由于雷管价格较高,增加了爆破成本,且接头雷管加大了爆破噪声,又有接头雷管产生的爆炸飞散物易击坏网络中的塑料导爆管造成爆破事故的弊端,给爆破网络带来很大的不安全因素。

　　因此,如何在保证安全的前提下,快速地完成非电起爆网络中导爆索与导爆索、导爆索与塑料导爆管、塑料导爆管与塑料导爆管之间的连接接长,以及减少使用接头雷管连接塑料导爆管的接头数量,降低爆破成本,增大可靠性,实现非电起爆网络中各种材料的传爆线互换互接、通用连接,标准化操作已成为目前亟需解决的技术问题。

　　该技术是克服现有技术中的不足,提供一种安全性能高、经济、轻便、易于操作,性能可靠,可以有效地完成非电起爆网络中导爆索与导爆索、导爆索与塑料导爆管,塑料导爆管与塑料导爆管之间的连接接长和互换互接、通用连接的非电起爆网络二门多通连接器。

9.1.2　结构

　　非电起爆网络二门多通连接器,包括连接器外壳和锁紧箍帽。连接器外壳为由透明塑料制成的圆管形结构;连接器外壳的两端均对称内塞,有卡口塞,两个位于连接器外壳内部的卡口塞之间留有爆轰波增能反射腔。

　　卡口塞分为导爆索卡口塞和塑料导爆管卡口塞两种类型,其结构为单孔导爆索卡口塞、单孔塑料导爆管卡口塞、多孔塑料导爆管卡口塞和无孔卡口塞,共有两种类型四种结构。连接器外壳的两端外表面均轴向开设有三条以上的缩涨缝,缩涨缝和缩涨缝两边突出部分构成端头缩涨圈;端头缩涨圈上分别螺纹连接有锁紧箍帽,锁紧箍帽的外表面为圆柱形,锁紧箍帽的内部开设有外小内大圆呈台形的内螺纹通孔。

连接器外壳的两端均向内对称开设有内小外大的插塞孔,插塞孔为前小后大圆台形结构,两个插塞孔之间贯穿有直孔,所述卡口塞位于插塞孔内,卡口塞和插塞孔之间为过渡配合,插塞孔、卡口塞小径端的端口均和直孔的端面齐平,插塞孔、卡口塞小径端的端口直径均等于直孔的直径,直孔即为爆轰波增能反射腔。

卡口塞由橡胶制成,卡口塞为前小后大的圆台形结构,卡口塞大径段的直径大于锁紧箍帽小径端的直径。

多孔塑料导爆管卡口塞为卡口塞的中间沿轴向开设有两个以上的与所安装的塑料导爆管直径相同的圆管状孔道;塑料导爆管卡口塞为卡口塞的中间沿轴向开设有一个与所安装的塑料导爆管直径相同的圆管状孔道;单孔导爆索卡口塞为卡口塞的中间沿轴向开设有一个与所安装的导爆索直径相同的圆管状孔道;无孔卡口塞为实心卡口塞。

端头缩涨圈的外壁开设有和锁紧箍帽内螺纹通孔相匹配的外螺纹。

锁紧箍帽的材质为 PP 塑料,锁紧箍帽上布设有红色标识。

锁紧箍帽的两端外表面分别布设有加强箍。

9.1.3　先进性

(1)连接器外壳由透明塑料制成,连接器外壳的外部表面两端均布设有端头缩涨圈,通过锁紧箍帽拧紧或放松调整缩涨缝收缩或涨大进而调整卡口塞压紧的程度,通过卡口塞在作业前或作业中可对塑料导爆管或导爆索进行接长,以满足现场的实际需求,实用性强,灵活性佳。

(2)卡口塞有单孔导爆索卡口塞、单孔塑料导爆管卡口塞、多孔塑料导爆管卡口塞和无孔卡口塞四种结构。通过不同结构的卡口塞对塑料导爆管或导爆索进行接长、互换及组合,根据需要更换不同结构的卡口塞达到不同的组合,实现非电起爆网络中导爆索与导爆索、导爆索与塑料导爆管、塑料导爆管与塑料导爆管之间的多通组合;卡口塞和连接器外壳灵活连接,在加固作用的前提下使塑料导爆管、导爆索在卡口塞的孔道内进行对接和更换更加灵活、快速,可在较短的时间内快速完成炮孔内及起爆网络中的塑料导爆管或导爆索的接长、更换及组合,节约雷管使用量,降低爆破成本,减少接头雷管爆炸产生的爆炸飞散物易击坏非电起爆网络造成爆破事故的弊端,确保起爆网络安全;通过卡口塞实现塑料导爆管与塑料导爆管的连接或接长,减少连接雷管的用量,进而减少连接雷管的爆破噪声。

(3)锁紧箍帽可防止导爆索或塑料导爆管滑脱,实现牢固连接,同时锁紧箍帽和连接器外壳连接,因锁紧箍帽的内螺纹通孔为外小内大圆台形,锁紧箍帽的内螺纹通孔的小径端紧固住连接器外壳,进而压缩锁紧卡口塞,起到很好的防水作用;锁紧箍帽两端外表面分别带有加强箍,加强箍增加锁紧箍帽的连接强度,使锁紧箍帽两端的接口处更加坚固,保护锁紧箍帽。

(4)连接器外壳为透明塑料制成,可以清楚地观看到卡口塞、导爆索、塑料导爆管的插入情况,在导爆索或塑料导爆管连接时观察导爆索或塑料导爆管插入的长度和两根导爆索或塑料导爆管接口的间隙大小,实现实时观察,确保连接的稳固性,提高安全性能;锁紧箍帽上布设有红色标识,可以清楚醒目地显示连接器的所在位置,方便查找。

（5）具有设计合理、连接通道多、通用互换性强、性能可靠、安全性能高、爆破噪声降低、轻便、易于操作等优点，可以广泛应用于露天爆破、城市拆除爆破、地下洞室爆破等爆破作业场所。

9.1.4　附图及说明

附图见图 9-1～图 9-8。

图 9-1～图 9-8 中标号含义为：1—连接器外壳；2—多孔塑料导爆管卡口塞；3—锁紧箍帽；4—缩涨缝；5—插塞孔；6—单孔塑料导爆管卡口塞；7—爆轰波增能反射腔；8—孔道；9—端头缩涨圈；10—内螺纹通孔；11—加强箍；12—无孔卡口塞；13—单孔导爆索卡口塞；14—单管塑料导爆管；15—4 根塑料导爆管；16—导爆索。

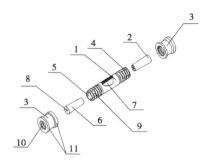

图 9-1　非电起爆网络二门多通连接器的结构示意图

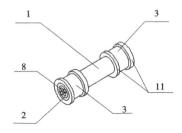

图 9-2　非电起爆网络二门多通连接器的组装后结构示意图

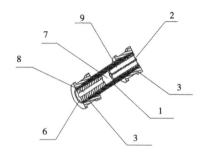

图 9-3　非电起爆网络二门多通连接器的组装后剖切的结构示意图

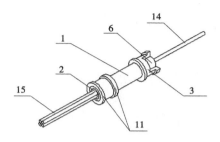

图 9-4　非电起爆网络二门多通连接器的多孔塑料导爆管卡口塞和
单孔塑料导爆管卡口塞配合使用的结构示意图

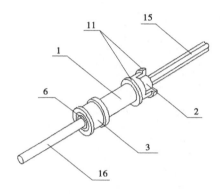

图 9-5　非电起爆网络二门多通连接器的多孔塑料导爆管卡口塞和
单孔导爆索卡口塞配合使用的结构示意图

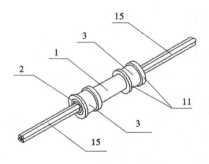

图 9-6　非电起爆网络二门多通连接器的多孔塑料导爆管卡口塞和
多孔塑料导爆管卡口塞配合使用的结构示意图

9.1.5　操作方式

结合图 9-1~图 9-8,分五种实施方式介绍本设备的操作方式。

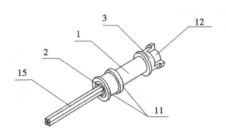

图9-7　非电起爆网络二门多通连接器的多孔塑料导爆管卡口塞和
无孔卡口塞配合使用的结构示意图

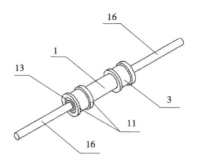

图9-8　非电起爆网络二门多通连接器的单孔导爆索卡口塞和
单孔导爆索卡口塞配合使用的结构示意图

9.1.5.1　实施方式一

如图9-1~图9-4所示,非电起爆网络二门多通连接器,包括连接器外壳1和锁紧箍帽3,所述连接器外壳1为由透明塑料制成的圆管形结构;所述连接器外壳1的两端均向内对称开设有内小外大的插塞孔5,插塞孔5为前小后大圆台形结构,两个插塞孔5之间贯穿有直孔7,连接器外壳1的两端均对称内塞有卡口塞,卡口塞和插塞孔5之间为过渡配合,插塞孔5、卡口塞小径端的端口均和直孔7的端面齐平,插塞孔5、卡口塞小径端的端口直径均等于直孔7的直径,所述卡口塞由橡胶制成,卡口塞为前小后大的圆台形结构,卡口塞大径段的直径大于锁紧箍帽3小径端的直径,两个位于连接器外壳1内部的卡口塞之间留有爆轰波增能反射腔,所述直孔7即为爆轰波增能反射腔,卡口塞分为多孔塑料导爆管卡口塞2、单孔塑料导爆管卡口塞6、单孔导爆索卡口塞13和无孔卡口塞12四种结构,连接器外壳1的两端外表面均轴向开设有三条以上的缩涨缝4,所述缩涨缝4和缩涨缝两边突出部分构成端头缩涨圈9;端头缩涨圈9上分别螺纹连接有锁紧箍帽3,所述锁紧箍帽3的外表面为圆柱形,锁紧箍帽3的内部开设有呈外小内大圆台形的内螺纹通孔10,所述端头缩涨圈9的外壁上开设有和锁紧箍帽3的内螺纹通孔10相匹配的外螺纹线,所述锁紧箍帽3的材质为PP塑料,锁紧箍帽3上布设有红色标识,所述锁紧箍帽3的两端外表面分别布设有加强箍11。

安装前,分别选取一个卡口塞的中间沿轴向开设有四个与所安装的塑料导爆管直径相同的圆管状塑料导爆管孔道 8 的多孔塑料导爆管卡口塞 2 和一个卡口塞的中间沿轴向开设有一个与所安装的塑料导爆管直径相同的圆管状塑料导爆管孔道 8 的单孔塑料导爆管卡口塞 6;另选取五根进行连接的塑料导爆管,将所需连接或接长的五根塑料导爆管的端部切齐,其中一根单孔塑料导爆管卡口塞 6 为主传爆塑料导爆管,另四根则为被传爆塑料导爆管。

将连接器外壳 1 的一端定为主传爆端、其相对端定为被传爆端,将单孔塑料导爆管卡口塞 6 塞入连接器外壳 1 的主传爆端的插塞孔 5 内,再将多孔塑料导爆管卡口塞 2 塞入连接器外壳 1 的被传爆端的插塞孔 5 内,单孔塑料导爆管卡口塞 6 的小径端和爆轰波增能反射腔的端口、多孔塑料导爆管卡口塞 2 的小径端和爆轰波增能反射腔的端口均齐平,因卡口塞和插塞孔 5 之间均为过渡配合,故卡口塞和连接器外壳 1 的内腔充分接触插紧,把主传爆塑料导爆管经单孔塑料导爆管卡口塞 6 的塑料导爆管孔道 8 插入至连接器外壳 1 内,把被传爆塑料导爆管经多孔塑料导爆管卡口塞 2 的塑料导爆管孔道 8 插入至连接器外壳 1 内;值得说明的是,塑料导爆管插入塑料导爆管孔道 8 时,应使其前端和塑料导爆管孔道 8 前端平齐,不得伸进爆轰波增能反射腔超过 2 mm;当插入工作完成后,将锁紧箍帽 3 和端头缩涨圈 9 相连接,使锁紧箍帽 3 的内螺纹通孔 10 与端头缩涨圈 9 的外螺纹线相紧密连接,拧紧锁紧箍帽 3,锁紧箍帽 3 的小径端压迫端头缩涨圈 9 使缩涨缝 4 紧缩,进而压缩锁紧连接器外壳 1 内的卡口塞,进一步通过压缩卡口塞的塑料导爆管孔道 8 压紧塑料导爆管,使被压紧的连接器壳体、卡口塞和塑料导爆管的接触面紧密连接形成一体,可防止导爆索或塑料导爆管滑脱;爆轰波增能反射腔把主传爆端传来的爆轰波进行传播,引爆被传爆端爆轰,使其产生的爆轰波在反射腔传播并反射增能,引爆更多被传爆端爆轰,以达到全部引爆被传爆端爆轰的目的。

连接器外壳 1 为 PP 塑料,通过透明的连接器外壳 1 可以清楚地观看到卡口塞和导爆索、卡口塞和塑料导爆管的插入情况,实时观察,确保连接的稳固,提高安全性能;锁紧箍帽上布设有红色标识,可以清楚醒目地显示连接器外壳 1 所在位置,以便查找。

9.1.5.2 实施方式二

本实施方式与实施方式一基本相同,其相同之处不再赘述,其不同之处在于:

如图 9-5 所示,安装前,分别选取一个多孔塑料导爆管卡口塞 2 和一个单孔导爆索卡口塞 13,多孔塑料导爆管卡口塞 2 的四个塑料导爆管孔道 8 与所安装的塑料导爆管直径相同,单孔导爆索卡口塞 13 的一个导爆索孔道 14 与所安装的导爆索直径相同;选取一根进行连接的导爆索和四根塑料导爆管,将所需连接或接长的导爆索和塑料导爆管的端部分别切齐,其中一根为主传爆导爆索,另外四根则为被传爆塑料导爆管。

将连接器外壳 1 的一端定为主传爆端、其相对端定为被传爆端,将多孔塑料导爆管卡口塞 2 塞入连接器外壳 1 的被传爆端的插塞孔 5 内,再将单孔导爆索卡口塞 13 塞入连接器外壳 1 的被传爆端的插塞孔 5 内,导爆索插入卡口塞的导爆索孔道 14 时,主传爆导爆索的端头和被传爆塑料导爆管的端头均穿进爆轰波增能反射腔,使主传爆导爆索端头和被传爆塑料导爆管端头紧密相连,尽量减少间隙;爆轰波增能反射腔把主传爆端传来的爆轰波进行传播,引爆被传爆端爆轰,使其产生的爆轰波在反射腔传播并反射增能,引爆更多被传爆端爆轰,以达到全部引爆被传爆端爆轰的目的。

9.1.5.3　实施方式三

本实施方式与实施方式一基本相同,如图9-6所示,其相同之处不再赘述,其不同之处在于:

安装前,分别选取两个多孔塑料导爆管卡口塞2,多孔塑料导爆管卡口塞2的四个塑料导爆管孔道8均与所安装的塑料导爆管直径相同;选取八根进行连接的塑料导爆管,将所需连接或接长的八根塑料导爆管的端部切齐,主传爆端的四根塑料导爆管的其中一根定为主传爆塑料导爆管,另外三根则为被传爆塑料导爆管,被传爆端的四根均为被传爆塑料导爆管。

将一个带有一根主传爆塑料导爆管的多孔塑料导爆管卡口塞2塞入连接器外壳1的主传爆端的插塞孔5内,再将另一个多孔塑料导爆管卡口塞2塞入连接器外壳1的被传爆端的插塞孔5内,两个多孔塑料导爆管卡口塞2的小径端分别和爆轰波增能反射腔的端口齐平,主传爆塑料导爆管的端头和被传爆塑料导爆管的端头均穿进爆轰波增能反射腔,但不大于2 mm。

9.1.5.4　实施方式四

本实施方式与实施方式一基本相同,如图9-7所示,其相同之处不再赘述,其不同之处在于:

安装前,分别选取一个多孔塑料导爆管卡口塞2和一个无孔卡口塞12,多孔塑料导爆管卡口塞2的塑料导爆管孔道8均与所安装的塑料导爆管的直径相同;将多孔塑料导爆管卡口塞2塞入连接器外壳1的一端的插塞孔5内,将无孔卡口塞12塞入连接器外壳1的另一端的插塞孔5内,并使其堵住封死,在多孔塑料导爆管卡口塞2的塑料导爆管孔道8内插入相应的四根塑料导爆管,四根塑料导爆管同时处于一个多孔塑料导爆管卡口塞2之中,其中一根是主传爆塑料导爆管,另外三根为被传爆塑料导爆管,四根塑料导爆管的端头均穿进爆轰波增能反射腔,但不大于2 mm。爆轰波增能反射腔把主传爆塑料导爆管传来的爆轰波进行传播,引爆被传爆塑料导爆管爆轰,使其产生的爆轰波在反射腔传播并反射增能,引爆更多被传爆端爆轰,以达到全部引爆被传爆端爆轰的目的。

9.1.5.5　实施方式五

本实施方式与实施方式一基本相同,如图9-8所示,其相同之处不再赘述,其不同之处在于:

安装前,分别选取两个单孔导爆索卡口塞13,单孔导爆索卡口塞13的一个导爆索孔道14均与所安装的导爆索直径相同;选取两根进行连接的导爆索,将所需连接或接长的两根导爆索的端部切成45°斜口,主传爆端的一根定为主传爆导爆索,被传爆端的一根为被传爆导爆索。

将一个单孔导爆索卡口塞13塞入连接器外壳1的主传爆端的插塞孔5内,再将另一个单孔导爆索卡口塞13塞入连接器外壳1的被传爆端的插塞孔5内,两个单孔导爆索卡口塞13的小径端分别和爆轰波增能反射腔的端口齐平,主传爆导爆索的端头斜口和被传爆导爆索的端头斜口均穿进爆轰波增能反射腔,使两根导爆索的端头斜口相互搭接,紧密接触不留缝隙,爆轰波增能反射腔把主传爆导爆索传来的爆轰波进行传播,引爆被传爆导爆索爆轰,使其产生的爆轰波在反射腔传播并反射增能,引爆更多被传爆端爆轰,以达到全部引爆被传爆端爆轰的目的。

值得说明的是,本卡口塞为导爆索卡口塞和塑料导爆管卡口塞两种类型,结构分为单孔导爆索卡口塞、单孔塑料导爆管卡口塞、多孔塑料导爆管卡口塞和无孔卡口塞,共有两种类型四种结构。

多孔塑料导爆管卡口塞 2 为卡口塞的中间沿轴向开设有两个以上的与所安装的塑料导爆管直径相同的圆管状塑料导爆管孔道 8;所述单孔导爆索卡口塞 13 为卡口塞的中间沿轴向开设有一个与所安装的导爆索直径相同的圆管状导爆索孔道 14;所述无孔卡口塞 12 为实心卡口塞;所有卡口塞外形尺寸相同并与插塞孔相匹配,它们之间可以通用、互换使用,可以根据需要更换不同孔道的卡口塞以达到不同的组合,实现非电起爆网络中导爆索与导爆索、导爆索与塑料导爆管、塑料导爆管与塑料导爆管之间的不同品种传爆器材的互换和多通组合。

9.2　复合反射聚能缓冲消能装置

9.2.1　简介

水利水电工程的岩石大坝建基面、马道边坡、隧洞底板的保护层爆破开挖一直是工程爆破施工中的难点。现有爆破技术中,传统的深孔台阶爆破,往往预留 1~2 m 厚的保护层,然后用小孔径钻孔和小药卷进行保护层爆破开挖,最后配合人工清撬,达到建基面高程,施工效率很低,且对孔底保留岩体损伤较大;水平预裂或水平光面爆破开挖的效果比较好,但钻水平孔难度较大,每次钻孔前必须清干净临空面前的爆渣,操作麻烦,且受一次钻孔长度的限制,爆破面积有限,施工效率较低,无法满足大面积开挖进度要求。孔底设置的普通的柔性垫层的小梯段微差爆破,由于柔性垫层材料和结构不够合理,对爆破冲击波的缓解作用较小,孔底岩石损伤仍然较大,爆破出的建基面起伏较大,有时仍然需要进行二次爆破或人工机械清撬;采用普通聚能爆破时,由于聚能切割穿透岩体的长度较短,形成的水平裂隙得不到进一步的扩张,岩石破碎效果较差,不易形成平整的开挖面。如何控制水电工程的大坝建基面、马道边坡、隧洞底板的成型的开挖质量,进行台阶无保护层爆破开挖,实现增强爆破效果和减轻爆破对岩石的损害作用,实现破碎与保护的统一,提高爆破作业效率是目前急需解决的问题。

针对现有爆破技术及爆破装置在岩石大坝建基面、马道边坡、隧洞底板的保护层开挖时,质量难以控制和保证的不足,本技术提供一种安全性能高,加工方便,易于操作,性能可靠,施工方便,可以有效地减少炮孔底部的爆破损伤,保证质量,提高建基面爆破平整度,增强爆破效率的用于建基面无保护层爆破开挖的一种炮孔底部复合反射聚能与缓冲消能垫层装置和爆破施工技术。

为解决上述技术问题,采用如下技术方案:炮孔底部复合反射聚能与缓冲消能垫层装置和爆破施工技术。其要点在于,它首先按爆破设计在开挖区岩体中钻设相同孔径的成排群孔的垂直炮孔,再将炮孔底部用找平层进行找平,然后将炮孔底部的复合反射聚能与缓冲消能垫层装置、主装炸药、主装炸药的起爆体、堵塞段,由下至上依次叠放安装。复合反射聚能与缓冲消能垫层装置是一个组合结构整体,它由类似锥体反射聚能缓冲垫层、环槽聚能射流器、圆板刚性垫层和缓冲消能垫层组成。

在炮孔底部,缓冲消能垫层为最下层,它置于炮孔底的岩石层(或找平层)上,中间层为圆板刚性垫层,它的下平面置于缓冲消能垫层的上平面,类似锥体反射聚能缓冲垫层为最上层,它的下平面置于圆板刚性垫层的上平面,反射聚能缓冲垫层的外表面安装有环槽聚能射流器,它由环槽聚能药形罩、波形调整器、环形聚能炸药、聚能炸药起爆体、聚能炸药起爆体的传爆线组成。

9.2.2 结构

复合反射聚能与缓冲消能垫层装置由类似锥体反射聚能缓冲垫层、圆板刚性垫层、缓冲消能垫层及环槽聚能射流器组成。具体分述如下。

9.2.2.1 类似锥体反射聚能缓冲垫层

类似锥体反射聚能缓冲垫层是由刚性材料制成的母线为抛物线形的类似锥体的结构物,类似锥体的母线角度为 60°~70°。锥底直径为炮孔直径的 0.8~0.9 倍,比炮孔直径小 1 cm 左右,便于安装,本工程取直径为 8 cm。高度等于或小于锥底直径,本工程取高度为 7.5 cm。锥底轴线中心有一个直径 10 mm 的螺栓孔,通过销钉螺栓,用于连接圆板刚性垫层。反射聚能缓冲垫层可用钢材、铸铁、铸钢、钢纤维高强混凝土、钢渣高强混凝土等高强度材料加工制作,结构为实心体为好,也可以为空心体。本工程采用实心体钢材加工制作而成。

反射聚能缓冲垫层的外表面安装有环槽聚能射流器,它们共同形成聚能装药空间。

类似锥体反射聚能缓冲垫层作用是,抛物线形的母线具有对冲击波、高压气体的反射和聚能作用,可以对岩体进行多次反复的冲击破碎,高强度类似锥体构成了钢垫层,可以起到反射、缓冲、阻挡冲击波和高压气体对岩石的作用,减轻对保留岩体的损伤。

9.2.2.2 圆板刚性垫层

圆板刚性垫层主要结构为:圆板刚性垫层是由圆形板状的钢铁制成的刚性垫层,厚度 1.5 cm 左右,直径和反射聚能缓冲垫层的锥底直径相同,上平面安装在反射聚能缓冲垫层的类似锥体的锥底部,下平面连接缓冲消能垫层。圆板刚性垫层中心有一个直径 10 mm 的螺栓孔,通过销钉螺栓和反射聚能缓冲垫层锥底的螺栓孔连接形成一个整体。圆板刚性垫层是实心体,可用钢铁或铸铁、铸钢等高强度坚硬材料制成。

圆板刚性垫层的主要作用是高强度的钢垫层起到隔离削减冲击波、爆炸高压气体对保留岩体的损伤,延长爆炸高压气体对岩体的破碎作用时间。连接反射聚能缓冲垫层、环槽聚能射流器和缓冲消能垫层。

9.2.2.3 缓冲消能垫层

缓冲消能垫层为圆柱状结构,由圆筒形钢外壳和内部充填的低密度缓冲消能垫层材料共同组成。缓冲消能垫层高 20~30 cm,本工程取高度为 20 cm,直径和圆板刚性垫层直径相同。圆筒形钢外壳是由钢铁圆管材料制成的,其外径和圆板刚性垫层外径相同,壁厚 3~4 mm;高度就是缓冲消能垫层整体的高度;进一步的,圆筒形钢外壳内部充填满的低密度缓冲消能垫层材料是由加气泡沫混凝土、膨胀蛭石(膨胀珍珠岩)水泥混凝土、炉渣水泥混凝土等轻质材料制成的,密度应在 0.6~0.9 kg/cm³;充填的低密度材料应与钢外壳的两个端头齐平,且充填密实。缓冲消能垫层的上平面安装在圆板刚性垫层的底部,由圆筒形钢外壳上部与圆板刚性垫层底部进行焊接,或强力胶胶接,也可以采用螺丝扣连接。

缓冲消能垫层的作用是,从反射聚能缓冲垫层和圆板刚性垫层传来的冲击波和爆炸高压气体,再经过缓冲消能垫层的吸收、缓冲、消能,进一步地减弱对保留岩体的损伤。钢外壳起到骨架支撑作用,承受上部传来的冲击波和爆炸高压气体的冲击和压力,保证上部部件初始位置不发生大的变化,保证聚能冲击射流和反射聚能冲击射流对相同部位的岩体进行反复冲击浸切,增强爆破效果。钢外壳可以阻挡减弱进入低密度缓冲消能垫层中的冲击波和高压气体向侧面岩石扩散冲击。缓冲消能垫层中的低密度材料,由于密度低传导波速慢,起到吸收减弱冲击波的作用,降低了岩石损坏。

9.2.2.4　环槽聚能射流器

环槽聚能射流器结构,由环槽聚能药形罩、波形调整器、环形聚能炸药、聚能炸药起爆体、聚能炸药起爆体的传爆线组成。聚能炸药起爆体由雷管及导爆索组成。环槽聚能射流器安装在类似锥体的反射聚能缓冲垫层的外表面,它们之间共同形成聚能装药空间。

环槽聚能药形罩为纺锤曲线形的环槽状罩型结构,安装罩在反射聚能缓冲垫层的类似锥体结构的外围面,下端镶嵌在类似锥体底部外周,形成类似锥体的外壳罩,环槽聚能药形罩和类似锥体之间共同形成聚能装药空间。聚能药形罩直径和反射聚能缓冲垫层锥底直径相同。高度与反射聚能缓冲垫层相同。聚能药形罩用厚度为 1~1.5 mm 的铜皮或铁皮制成,也可以用 PVC 等塑料薄板制成。

环槽聚能药形罩的作用是:在环形炸药的环槽空腔内表面镶上金属罩,带环槽的空心炸药柱爆炸时,能量沿环形药柱对衬轴方向高度集中,药形罩将环状炸药的爆炸能量转换成罩的动能,形成极强的聚能冲击射流,提高聚能效果,对岩石形成很强的穿透浸切能力,使岩石产生较长的水平环形裂隙,增加爆破效果。

波形调整器是环状多面曲线形的结构物,镶嵌在聚能药形罩内部,其内部有孔洞,安装穿套在反射聚能缓冲垫层的类似锥体结构上部外周表面,顶部平面直径与聚能药形罩内径相同,顶部与聚能药形罩齐平。其材质为塑料、尼龙等惰性材料。其作用是调整炸药装药结构和调整爆轰波波形,有利于形成更强的聚能冲击射流。

环形聚能炸药是安装在聚能药形罩、波形调整器和反射聚能缓冲垫层的类似锥体外表面共同形成装药空间之中,为环槽形结构,它是采用工业乳化炸药,也可以采用工业粉状硝铵炸药装填。它的主要作用是形成极高速度运动聚能射流,以很高的能量、密度极大的强度穿透侧面的环向四周炮孔岩体,浸切形成较长的环状水平劈裂缝面,使建基面保留岩石平整。

聚能炸药起爆体由 1~4 枚塑料导爆管毫秒雷管和与雷管连接的 1~2 根环状导爆索组成,它均匀分布在环形聚能炸药中。

它主要用于起爆聚能炸药,实现聚能炸药各点的同时起爆,增大聚能炸药的爆速,进一步增加聚能射流的强度。

聚能炸药起爆体的传爆线由毫秒雷管中的塑料导爆管构成,它一端连接起爆体的毫秒雷管,另一端引至炮孔外连接至主起爆网络。主要作用是传爆爆轰波引爆毫秒雷管起爆体。

9.2.3 先进性

与现有技术相比,具有如下特点和有益效果:

(1)具有安全性能高、性能可靠、加工方便、易于操作的特点,可以直接利用同一个爆破孔实施操作进行施工作业。

(2)由于复合反射聚能与缓冲消能垫层装置中的环槽聚能射流器中的环槽聚能药形罩、环形聚能炸药和类似锥体反射聚能缓冲垫层的母线的抛物曲线具有两次双重的聚能和反射聚能作用,可以使炮孔底部岩石增大水平破裂线,在水平方向形成充分破碎,形成孔底较大的平盘,增强爆破效果,提高建基面爆破平整度。而反射聚能缓冲垫层、圆板刚性垫层和缓冲消能垫层一起组成三层结构的钢性和泡性的复合垫层,具有三次消能缓冲作用,可以有效地削减爆炸能量,减少炮孔底部的竖向爆破损伤,保证孔底岩石质量。可以增强爆破效果和减轻爆破对岩石的损害作用,实现破碎与保护的统一;可以保证岩石建基面爆破开挖的一次成型,可以广泛用于水利水电工程、道路交通、铁路、矿山、隧道等行业的岩石边坡保护层及建基面保护层的爆破开挖。

9.2.4 附图说明

附图见图 9-9~图 9-17。

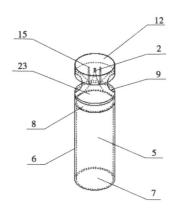

图 9-9 炮孔底部复合反射聚能与缓冲消能垫层装置及爆破施工技术中的炮孔平面布置示意图

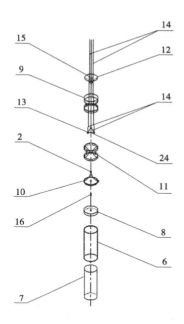

图 9-10　炮孔底部复合反射聚能与
缓冲消能垫层装置及爆破施工技术中
的炮孔布置剖面示意图

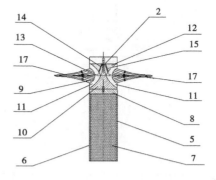

图 9-11　炮孔底部复合反射聚能与缓冲消能垫层
装置及爆破施工技术中的炮孔装药及复合反射
聚能与缓冲消能垫层装置的剖面示意图

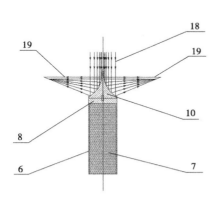

图 9-12　炮孔底部复合反射聚能与缓冲消能
垫层装置及爆破施工技术中的复合反射聚能与
缓冲消能垫层装置的立体结构示意图

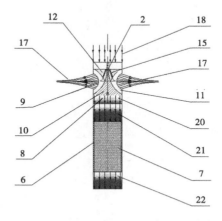

图 9-13　炮孔底部复合反射聚能与缓冲消能垫层
装置及爆破施工技术中的复合反射聚能与
缓冲消能垫层装置的零部件分解示意图

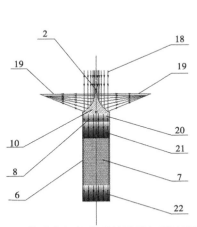

图 9-14　炮孔底部复合反射聚能与缓冲消能垫
层装置及爆破施工技术中的环状聚能炸药
爆炸产生的聚能冲击射流作用示意图

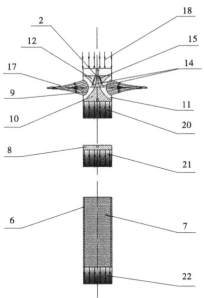

图 9-15　聚能炸药爆炸产生的环向聚能冲击射流
作用和反射聚能缓冲垫层、钢垫层以及缓冲消能
垫层对爆炸冲击波的竖向缓冲消能作用分解示意图

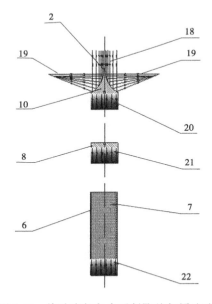

图 9-16　炮孔底部复合反射聚能与缓冲消
能垫层装置及爆破施工技术中的环状聚能炸药
爆炸产生的聚能冲击射流作用与类似锥体钢垫
层对爆炸冲击波的竖向缓冲消能作用,圆板刚
性垫层对爆炸冲击波的竖向缓冲消能作用,缓冲消
能垫层对爆炸冲击波的竖向缓冲消能作用示意图

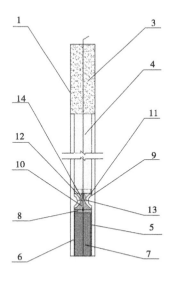

图 9-17　炮孔底部复合反射聚能与缓冲消能垫
层装置及爆破施工技术中的类似锥体反射聚能钢垫
层对炮孔主装药爆炸冲击波的反射聚能产生的冲击
射流作用与类似锥体钢垫层对爆炸冲击波的竖向
缓冲消能作用,圆板刚性垫层对爆炸冲击波的
竖向缓冲消能作用,缓冲消能垫层对
爆炸冲击波的竖向缓冲消能作用示意图

图 9-9~图 9-17 中标号含义为:1—炮孔;2—穿绳孔;3—堵塞段;4—主装炸药;5—复合反射聚能与缓冲消能装置;6—钢外壳;7—低密度缓冲消能芯;8—钢垫层;9—聚能药形罩;10—反射聚能缓冲垫层;11—聚能炸药;12—波形调整器;13—聚能炸药起爆体;14—传爆线;15—传爆线穿孔;16—销钉螺栓;17—环向聚能冲击射流;18—主爆孔爆炸冲击波;19—反射聚能缓冲垫层对炮孔主装药爆炸冲击波的反射聚能产生的冲击射流;20—反射聚能缓冲垫层对爆炸冲击波的竖向缓冲消能作用;21—钢垫层对爆炸冲击波的竖向缓冲消能作用;22—缓冲消能垫层对爆炸冲击波的竖向缓冲消能作用;23—聚能射流器;24—导爆索。

9.2.5　操作方式

为了实现上述目的,具体实施方式如下:

其要点在于,它首先按爆破设计在开挖区岩体中钻设相同孔径的成排群孔的垂直炮孔,再将炮孔底部用找平层进行找平,然后将炮孔底部的复合反射聚能与缓冲消能垫层装置、主装炸药、主装炸药的起爆体、堵塞段,由下至上依次叠放安装。复合反射聚能与缓冲消能垫层装置是一个组合结构整体,它由类似锥体反射聚能缓冲垫层、环槽聚能射流器、圆板刚性垫层和缓冲消能垫层组成。

进一步的,在炮孔底部,缓冲消能垫层为最下层,它置于炮孔底的岩石层(或找平层)上;中间层为圆板刚性垫层,其下平面置于缓冲消能垫层的上平面;类似锥体反射聚能垫层为最上层,其下平面置于圆板刚性垫层的上平面,反射聚能缓冲垫层的外表面安装有环槽聚能射流器,由环槽聚能药形罩、波形调整器、环形聚能炸药、聚能炸药起爆体、聚能炸药起爆体的传爆线组成。具体实施方式如下:

(1)按爆破设计在开挖区岩体中钻设相同孔径的成排垂直炮孔;炮孔各排间距允许误差±5 cm,孔间距允许误差±5 cm,角度误差±0.5°。

(2)根据钻孔直径确定复合反射聚能与缓冲消能垫层装置的直径和长度;复合反射聚能与缓冲消能垫层装置由类似锥体反射聚能缓冲垫层、环槽聚能射流器、圆板刚性垫层和缓冲消能垫层组成整体结构。本工程钻孔直径为 9 cm,为了使复合反射聚能与缓冲消能垫层装置顺利地放入炮孔内,取复合反射聚能与缓冲消能垫层装置的直径为钻孔直径的 0.8~0.9 倍,直径小于钻孔直径 1 cm,为 8 cm。复合反射聚能与缓冲消能垫层装置由类似锥体反射聚能缓冲垫层、环槽聚能射流器、圆板刚性垫层和缓冲消能垫层组成整体结构,总长度 25~35 cm,本工程复合反射聚能与缓冲消能垫层装置总长度取 29 cm,即反射聚能垫层 7.5 cm+圆板刚性垫层 1.5 cm+缓冲消能垫层 20 cm=总长度 29 cm。

(3)每次爆破,爆区各炮孔的复合反射聚能与缓冲消能垫层装置结构尺寸均应相同。

(4)根据复合反射聚能与缓冲消能垫层装置的长度确定钻孔超深,本工程取钻孔超深为复合反射聚能与缓冲消能垫层装置总长度(29 cm)和保护层开挖允许超欠挖值(欠 0、超 10 cm)之和,取 29+10=39(cm),即钻孔超深 39 cm。

进一步的,钻孔超深应结合爆区岩石的软硬程度实际进行调整,坚硬岩石超深 60 cm

左右,中硬岩石超深45 cm左右,软岩应该使反射聚能垫层和圆板刚性垫层置于建基面高程以上,缓冲消能垫层超深0~25 cm。

（5）炮孔底部的找平层,每次爆破前先对炮孔进行孔深度的检查并编号记录,超深的炮孔应回填钻孔的岩粉或砂子并捣实进行找平层,按孔深允许误差±2 cm进行孔深找平,直达到设计高程;未达到深度炮孔应该重新补钻至设计高程。

（6）制作、组装类似锥体反射聚能缓冲垫层、圆板刚性垫层和缓冲消能垫层、环槽聚能药形罩、环形聚能炸药、聚能炸药起爆体、聚能炸药起爆体的传爆线、波形调整器,使其形成一个复合反射聚能与缓冲消能垫层装置整体。

（7）用合适的尼龙绳索穿入复合反射聚能与缓冲垫层装置上的穿绳孔,穿入时先将绳索的一头穿入穿绳孔,然后拉住绳头把绳子拉长至合适的长度,与绳子的另一头形成双绳,然后提起绳索拉住复合反射聚能与缓冲垫层装置,将其投放进炮孔内,并使其底面充分与孔底岩石面或找平层接触,并检查记录。

（8）按爆破设计的装药量和装药长度装填主装炸药和起爆体,炸药采用成卷的硝铵炸药,药卷直径应小于炮孔直径1 cm以上,以方便药卷进入炮孔。按爆破起爆网络设计,各孔主装炸药均应装入相对应段号的毫秒延期雷管,起爆雷管应插入炸药中。

（9）装药完毕,按爆破设计的堵塞长度进行炮孔堵塞,堵塞材料可以用钻孔的岩粉或半干的黄土,堵塞时应捣实堵塞材料。

（10）炸药装填完毕,按爆破起爆网络设计进行网络连接,然后起爆。

9.3　简易潜孔钻机支架稳定装置

9.3.1　简介

简易潜孔钻机没有较重的履带底盘,是靠钢管支腿来支撑、架立、稳定钻机的,使钻机竖向立起进行钻孔工作。本实用新型简易潜孔钻机支架稳定装置是在钻机只有两个后支腿的情况下,加装了一个前支腿和连接伸缩杆及混凝土配重块,这样可以有效地防止钻机倾倒保证钻孔正常进行。简易潜孔钻机支架稳定装置是由安装在钻机上的三根支腿及支腿下部的三根连接伸缩杆和混凝土配重块组成的。每根连接伸缩杆的两头连接一根支腿或钻机接管,三根连接伸缩杆分别连接在支腿下部或钻机接管上,构成三角平面的连接杆稳定结构,同时和竖向的钻机钢管支腿共同构成近似三棱锥形的稳定结构,使下部形成一个较大的底盘,在连接伸缩杆上放置、挂压配重块或沙袋,增加压重起到稳定钻机减小钻机晃动的作用,确保钻机的钻孔精度。简易潜孔钻机及支架稳定装置的总体结构如图9-18所示。

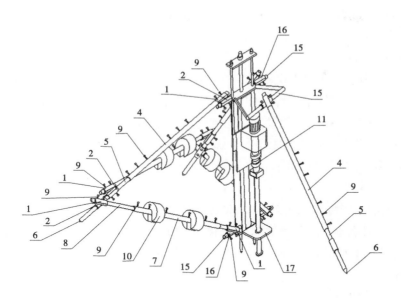

图 9-18　简易潜孔钻机及支架稳定装置的总体结构图

图 9-18~图 9-22 中标号含义为：1—旋转接头管；2—旋转接头管；3—中心栓扣；4—外套支腿；5—内插支腿管；6—内支腿管端部；7—支架连接伸缩杆的外套管；8—支架连接伸缩杆的内插管；9—紧固螺栓；10—配重块；11—简易潜孔钻机；12—中心栓扣孔；13—紧固螺栓孔；14—中心栓扣孔帽穿孔；15—钻机接杆；16—旋转接头管圆弧形钢片；17—钻机底部横连接板。

9.3.2　简易潜孔钻机支架构造

9.3.2.1　钻机支架稳定系统结构组成

钻机支架稳定系统结构组成如下：

(1)属于成品件的简易潜孔钻机；

(2)钻机支腿；

(3)钻机支架连接伸缩杆；

(4)旋转接头管；

(5)配重块。

9.3.2.2　钻机支架稳定装置各部件作用

1. 钻机支腿

简易潜孔钻机支腿是用来支撑、架立、稳定钻机的，使钻机竖向立起防止倾倒保证钻孔工作正常进行的。钻机有两根后支腿，后支腿置于钻机的后方，一根前支腿置于钻机的前方。钻机支腿由外套支腿、内插支腿、紧固螺栓、紧固螺栓孔、旋转接头管组成，前支腿在垂直钻孔时使用。

钻机支腿的内插支腿和外套支腿共同组成钻机支腿，内插支腿装上旋转接头管后可以构成对连接伸缩杆或钻机接杆的连接。

（1）钻机支腿的内插支腿是由钢管制成的直管状管件,长 1.5~1.7 m、外径 48 mm、内径 38 mm、壁厚 5 mm。

（2）钻机支腿的外套支腿是由钢管制成的直管状管件,长 1.5~1.8 m、外径 64 mm、内径 54 mm、壁厚 5 mm。外套支腿上面均钻有 6 个 12 mm 的螺丝孔,与紧固螺栓相配套。

螺丝孔每三个为一组排列在外套支腿上的下端和中间部位,第一组的第一个螺栓孔距外套管端头 5 cm,第二个螺栓孔距第一个螺栓孔 15 cm,第三个螺栓孔距第二个螺栓孔 15 cm。第二组的第一个螺栓孔距第一组的第三个螺栓孔 40 cm,第二组的三个螺栓孔间距均为 15 cm。

（3）钻机支腿的紧固螺栓通过外套支腿上的螺丝孔,可以旋拧来压紧或放松内插支腿。紧固螺栓是高强钢质的六角帽形 M12 螺栓,长 30~50 mm,直径 12 mm。紧固螺栓通过外套支腿上的紧固螺栓孔顶压在内插支腿的外管壁上,可以通过旋拧紧固螺栓来压紧或放松内插支腿。

2. 钻机支架连接伸缩杆

钻机支架连接伸缩杆是连接钻机支腿的稳定结构部件,它和支腿共同组成钻机的近似三棱锥形的稳定结构体,使钻机下部形成一个较大的底盘,起到稳定钻机、减小钻机晃动的作用,确保钻机的钻孔精度。钻机支架连接伸缩杆由外套管、内插管、紧固螺栓和紧固螺栓孔组成。伸缩杆安装在旋转接头管 1 中,通过旋转接头管 2 与钻机支腿相连接,共同构成钻机稳定架。简易潜孔钻机及支架稳定装置的支架连接伸缩杆结构分解及剖面如图 9-19、图 9-20 所示。

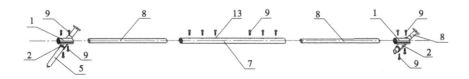

图 9-19　简易潜孔钻机及支架稳定装置的支架连接伸缩杆结构分解图

图 9-20　简易潜孔钻机及支架稳定装置的支架连接伸缩杆结构剖面图

（1）伸缩杆的内插管是由钢管制成的直管状管件,长 1.0~1.2 m、外径 48 mm、内径 41 mm、壁厚 3.5 mm。

（2）伸缩杆的外套管是由钢管制成的直管状管件,长 1.0~1.2 m、外径 64 mm、内径 54 mm、壁厚 5 mm。伸缩杆外套管上面均钻有 6 个 ϕ12 mm 的紧固螺栓孔,与紧固螺栓相配套。螺丝孔每三个为一组排列在外套管的两端,每组的第一个螺栓孔距外套管端头 9 cm,第二个螺栓孔距第一个螺栓孔 15 cm,第三个螺栓孔距第二个螺栓孔 15 cm。

伸缩杆的外套管和两根内插管共同组成支架连接伸缩杆,装上旋转接头管后可以构成对支腿的连接。

(3)伸缩杆的紧固螺栓通过外套管上的螺丝孔,可以通过旋拧来压紧或放松内套管。紧固螺栓是高强钢质的六角帽形 M12 螺栓,长 30~50 mm、直径 12 mm。紧固螺栓通过外套管上的紧固螺栓孔顶压在内套管的外管壁上,可以通过旋拧紧固螺栓来压紧或放松内套管。紧固螺栓分别安装在支架连接伸缩杆、旋转接头管和钻机支腿对应的螺丝孔上,进行内管与外管的紧固或放松。

3. 旋转接头管

(1)旋转接头管是连接钻机支腿与支架连接伸缩杆的连接部件,两根旋转接头管可以围绕着中心栓扣相互在平面内进行 360° 的转动,进行角度的调整,适应钻机支腿与伸缩杆的连接。

(2)旋转接头管由旋转接头管 1、旋转接头管 2、中心栓扣、中心栓扣孔、中心栓扣帽穿孔、紧固螺栓孔和紧固螺栓组成。旋转接头管 1 和接头管 2 由圆管制成,其外部分别焊接一块直径大于接头管直径的圆弧形钢片,圆弧形钢片中心钻设有中心栓扣孔,安装有中心栓扣,通过中心栓扣连接接头管 1、接头管 2,形成可以相互旋转的接头连接管件,即形成旋转接头管。

旋转接头管 1 连接支架连接伸缩杆的内插管或钻机接管,接头管 2 连接钻机支腿的内插支腿。

(3)旋转接头管的接头管 1 和接头管 2 由钢管制成,长 150 mm、外径 64 mm、内径 54 mm、壁厚 5 mm。在旋转接头管 1 和旋转接头管 2 的一侧中心位置,即 1/2 长度位置,开设有一个直径 28 mm 的中心栓扣帽穿孔,用于穿过中心栓扣帽。

(4)圆弧形钢片焊接在接头管 1、接头管 2 的外部,圆弧形钢片是由圆管切割制成的,直径大于接头管外径,圆弧形钢片所用的圆管外径 74 mm、内径 64 mm、壁厚 5 mm,宽度是接头管外径的 1/3 弧长度,每块钢片长度 140 mm,将两个圆弧形钢片分别焊接在接头管 1 和接头管 2 的中心栓扣帽穿孔的开孔处一侧,将圆弧形钢片的周边的 4 道边在接头管上焊接均匀。圆弧形钢片的长度比接头管短 10 mm,使其焊接后和接头管一样的长度。

(5)中心栓扣孔钻设在接头管 1 和接头管 2 的圆弧形钢片中心位置,栓扣孔直径 14 mm,深度为钻透钢管的管壁。

(6)中心栓扣是由高强钢材料制成的,由六角固定螺帽、螺杆、六角活螺帽组成,螺杆直径 12 mm、长 12 mm;六角螺帽最大边长 24 mm、厚度 4.5 mm;螺帽栓扣全长 21 mm。中心栓扣的螺杆穿过接头管 1 和接头管 2 的两个圆弧形钢片中的栓扣孔,一头是固定螺帽,另一头用活螺帽拧住,并使两块圆弧形钢片之间留有 1~2 mm 间隙,使其可以活动,然后焊死螺帽与螺杆的接头处,并打磨平整施焊部位。由于栓扣孔孔径大于螺丝栓扣直径,可以使焊接了圆弧形钢片的接头管 1 和接头管 2 自由转动。

（7）紧固螺栓孔和紧固螺栓。

旋转接头管 1 和旋转接头管 2 上面各钻有 2 个 12 mm 的紧固螺栓孔,与紧固螺栓相配套。螺丝孔布置在接头管的两端,每个螺栓孔距旋转接头管端头 4 cm。

紧固螺栓是高强钢质的六角帽形螺栓,直径 12 mm、长 30~50 mm。紧固螺栓通过外套管上的紧固螺栓孔顶压在内套管的外管壁上,可以通过旋拧紧固螺栓来压紧或放松内套管。紧固螺栓分别安装在支架连接伸缩杆、钻机接管、旋转接头管和钻机支腿对应的螺丝孔上,进行内管与外管的紧固或放松。简易潜孔钻机及支架稳定装置的旋转接头管结构分解图及剖面图如图 9-21、图 9-22 所示。

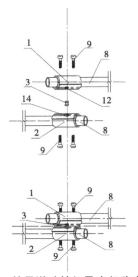

图 9-21　简易潜孔钻机及支架稳定装置的旋转接头管的结构分解图

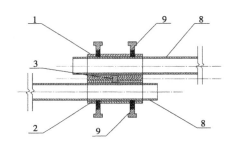

图 9-22　简易潜孔钻机及支架稳定装置的旋转接头管的结构剖面图

4. 配重块

配重块是钻机支架连接伸缩杆增加压重量的压重部件,起到稳定钻机减小钻机晃动的作用。配重块可以由混凝土制成圆形块状配重块,也可以用沙袋制成。混凝土配重块为圆形块状,中间开有一个槽,通过槽使配重块穿挂在钻机伸缩连接杆上,混凝土配重块直径 250 mm、厚度 150 mm;中间开槽的槽高度 140 mm、槽宽度 70 mm、槽厚度 150 mm,混凝土预制配重块重 13 kg。

9.3.3　安装移动步骤

9.3.3.1　安装钻机支架连接伸缩管、钻机支腿与旋转接头管的步骤

（1）将旋转接头管 2 穿入钻机内插支腿的合适位置上,距离支腿底部 30~40 cm 处,初步拧紧紧固螺栓,防止下滑。

（2）将内插支腿分别从外套支腿的两端插入套外支套腿管中,通过抽拉加长或压入缩短内支插腿在外套支腿管中的长度,形成钻机支腿在不同地形中对钻机需求的长度,并初步拧紧紧固螺栓。以同样的方法分别穿好钻机的全部支腿。

(3)竖立起钻机,调整钻机的方向和倾角,将钻机支腿长度和支腿底部的间距调整到合适位置,拧紧外套支腿上的紧固螺栓,形成牢固的支腿。

钻机支腿的内插支腿和外套支腿的紧固连接是通过紧固螺栓的旋拧压紧与放松来实现的,通过旋紧外套支腿管中的紧固螺栓,使紧固螺栓紧紧顶压住内插支腿管的外表面,同时也使内插支腿管的另一侧的外圆表面压紧外套支腿管的内壁表面,使内插支腿管和外套支腿管紧紧相连,形成一个连接紧固的钻机支腿。反之,旋松紧固螺栓使内插支腿管和外支套腿管放松连接,便于内插支腿管在外套支腿管中的抽插,调整钻机支腿长度。

(4)钻机支腿安装完毕,再安装钻机支架连接伸缩杆。

(5)支架连接伸缩杆的安装,先将伸缩杆的内插管穿过旋转接头管 1 直至外套管内,将 2 根内插管依次分别从外套管的两端插入外套管中,通过抽拉加长或压入缩短内插管在外套管中的长度,调整伸缩杆的长度。内插管应超出旋转接头管 10 cm,防止滑脱。伸缩杆距地面高度 25~45 cm。

(6)伸缩杆的内插管和外套管的紧固连接是通过紧固螺栓的旋拧压紧与放松来实现的,通过旋紧外套管中的紧固螺栓,使紧固螺栓紧紧顶压住内插管的外表面,同时也使内插管的另一侧的外圆表面压紧外套管的内壁表面,使内插管和外套管紧紧相连,形成一个连接紧固的伸缩连接杆。反之,旋松紧固螺栓使内插管和外套管放松连接,便于内插管在外套管中的抽插,调整连接伸缩杆长度。

(7)旋转接头管与伸缩杆、支腿的连接。

①旋转接头管是钻机支腿、连接伸缩杆的连接部件,伸缩杆与钻机支腿的连接是通过旋转接头管来实现的。接头管 1 连接伸缩杆的内插管或钻机接管,接头管 2 连接钻机的内插支腿。

②伸缩杆与旋转接头管的连接,伸缩杆的内插管插入旋转接头管 1 中的管孔内,通过扭紧旋转接头管 1 上的紧固螺栓,使紧固螺栓顶压紧内插管的外圆表面,同时也使内插管的另一侧的外圆表面压紧旋转接头管 1 的内壁表面,使内插管和旋转接头管 1 紧紧相连形成牢固连接。

③钻机支腿与旋转接头管的连接,将钻机支腿的内插支腿插入旋转接头管 2 中的管孔内,通过拧紧旋转接头管 2 上的紧固螺栓,使紧固螺栓顶压紧内插支腿的外圆表面,同时也使内插支腿的另一侧外圆表面压紧旋转接头管 2 的内壁表面,使内插支腿和旋转接头管 2 紧紧相连形成牢固连接。

(8)安装配重块,将混凝土预制配重块或沙袋配重块挂在连接伸缩杆支架上,使用沙袋配重时应把沙袋牢固固定在连接伸缩杆上,防止滑脱。

9.3.3.2　钻机位置和角度的调整

首先用人工竖立起钻机,达到预计的钻孔位置和角度,再根据地形初步调整钻机的三个支腿的大概长度、角度和各个支腿之间的底部宽度,同时调整好内支腿在外支腿内的长度,并初步拧紧紧固螺栓,架立钻机竖起,达到钻机支撑要求。随后即可用撬棍撬住钻机底部的连接板移动钻机,精确对准钻孔位置,然后用人工推动钻机上部,同时配合移动钻机的支腿或前后或左右移动,精确调整钻机的正面和侧面的角度,精确达到钻孔位置以达到设计要求。

钻机位置及倾角调整完毕后,用人工扶住钻机使其不发生变化,分别对支腿进行角度和长度的调整,依次拧紧各个支腿的紧固螺栓,防止产生滑动,然后将连接伸缩杆的内插杆依次插到已经连接在支腿上的旋转接头管1内及外套杆内,将旋转接头管及外套杆上的紧固螺栓拧紧,形成牢固的连接伸缩杆,牢固地连接支腿。

9.3.3.3 简易支架潜孔钻机的移动

简易支架潜孔钻机的移动有两种移动方法。

第一种移动方法是把钻机拆散移动,适用于钻孔现场崎岖不平或钻机移动距离较远、较困难的环境,这时可以把钻机和支腿、连接伸缩杆和配重块都拆散分散运输移动,到达新的钻孔位置后重新安装钻机、支腿、连接伸缩杆及配重块。钻机及支腿安装的方法同前面所述,钻机拆散的方法是钻机及支腿安装的反向作业。

第二种移动方法是钻机及支腿整体移动法,该方法适用于场地较平整、移动距离较近的情况下钻机的整体移动。

简易潜孔钻机是由三个支腿架立支撑竖起的,三个支腿形成三角形,分布在钻机周边,钻机在三个支腿的中间位置,当钻机移动前进时,在前进方向上,总有一条支腿处在前进移动的钻机的前面,该支腿称为前支腿,处在前进移动的钻机后面的两个支腿称为后支腿。

钻机移动前拆除钻机上面的配重块,卸掉连接钻机支腿的连接伸缩杆的内插管和外套管,只保留支腿上的旋转接头管2,形成三个支腿架立支撑钻机。

钻机移动动作是钻机移动时采用人工作业,用人扶住钻机和三个支腿,先把钻倾斜孔的钻机扶直竖立,用撬棍或短钢管插在前支腿底部的旋转接头管下面,撬动前支腿向前进方向移动,每次撬移距离为 3~10 cm,经过几次撬移支腿使前支腿向前移动 10~25 cm,同时每撬移一次前支腿前进,钻机上部也随着向前移动倾斜,这时钻机底部不动,钻机机身发生倾斜。在钻机上部向前倾斜也带动了后面的两个后支腿随着向前偏移移动。随着前支腿的多次撬移前移钻机上部也发生较大的偏移,使钻机机身倾斜得越来越多,为了防止钻机偏移倾斜过大而发生倾倒,钻机上部最大偏斜距离 10~25 cm,这时应当停止前支腿向前撬移,转为钻机的扶正作业。

钻机的扶正方法是使前支腿底部着地不动,然后用撬棍插在钻机底部的横连接板上,撬动钻机前进,每次前进 3~10 cm,钻机下部移动时也会带动前支腿上部和两个后支腿跟随向前移动,这样使钻机下部向前逐步移动,直至钻机竖直和三个支腿支地牢固,至此钻机第一次移动动作完成。每次钻机的移动,根据钻机移动距离长短重复上述钻机移动动作,直至到达新的钻孔位置。最后进行钻机位置和角度的精确调整和钻机支腿的调整,完成后再安装支腿间的连接伸缩杆,拧紧全部紧固螺栓,安装配重块,至此完成了一次钻机整体移动。

第 10 章　开挖防护技术

10.1　临时防护技术

10.1.1　导流洞支护技术

10.1.1.1　导流洞管棚支护技术

导流洞进口洞口渐变段 12 m(桩号 0+000~0+012),以及进口洞身段 IV 级围岩和断层破碎带,长度 50 m(桩号 0+012~0+062),均采用 φ108 mm 大管棚进行超前支护。超前支护分三段进行,渐变段为第一段,进口洞身 50 m 分为前后两段,每段长 25 m。大管棚支护时必须有前段和后段的搭接长度和超前量,每段搭接长度为 3 m,超前量为 3 m,以保证管棚支撑点有足够支撑间距和钢支撑榀数。管棚各段搭接布置如图 10-1 所示。

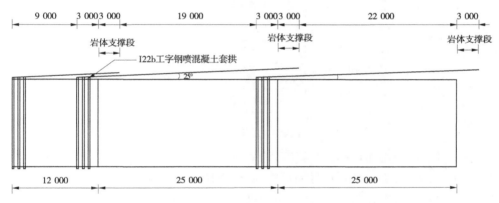

图 10-1　管棚各段搭接布置　(单位:mm)

1. 施工程序

施工准备(场地平整、测量放样、施工平台搭设)→开挖周边放样布孔→套拱施工→钻机就位(矫正角度)→安装钻杆及套筒→钻进→退钻杆和钻具→管棚加工及安装→封闭管尾→注浆施工。

2. 工艺流程

大管棚施工工艺流程图见图 10-2。

3. 套拱施工

待洞口边仰坡开挖支护到明洞初砌外轮廓线时,测量人员在坡面上定出中线拱顶高度,套拱位置线,横向十字线,然后开挖两侧套拱位置的岩石,边开挖边支护至边墙底高度以后,清理套拱基础,施做完后在明暗洞交界处架立三榀 I22 型钢钢拱架,间距 70 cm,每榀钢架用拉杆拉紧,防止倾倒,必要时在拱顶拱腰坡面上两侧打锚杆,将最前面一榀拱架

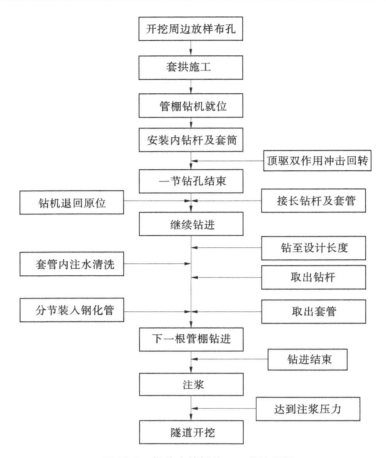

图 10-2　超前大管棚施工工艺流程图

焊在锚杆上拉紧,套拱在衬砌外廓线以外,紧贴掌子面施作。在钢支撑上按设计大管棚间距安装 φ127 mm、长 2 m 的孔口导向钢管,必须用仪器仔细精确无误地检查其中线,方向与水平,确保导向良好,与管棚位置方向一致,用水泥纸或其他东西将孔口管封堵,防止浆液流入将孔口管堵塞。人工立模挡头板用钢筋拉杆拉紧,外模用铁线拉在拱架上,拱腰以下要用斜撑支于侧面上,完后浇筑或喷混凝土 60 cm 厚的 C25 混凝土包裹钢支撑和导向管。套拱完成后,喷射 C20 混凝土 10 cm 厚封闭周围仰坡面,作为注浆时的止浆墙。

4. 管棚钢管加工

加工 4 m 和 6 m 两种规格的管;为使钢管对接,钢管两端分别加工成公、母丝扣,丝扣长 15 cm,丝扣牙距 5 mm,管壁加工间距为 20 cm×20 cm 的 φ15 mm 注浆孔,梅花形布置,以利于浆液通过管壁孔扩散到地层中,钢管管头焊接成圆锥形。

5. 搭建施钻平台

(1)施钻平台用钢管脚手架搭设,搭设平台一次性搭好,由下向上、由两边至中间根据孔位依次搭成"井"字形,上面用木板铺平。要求钻机平台搭建必须牢固,钻机安放到平台上以后,要用钢丝绳紧固。

(2)平台要支撑在稳固的地基上,脚手架连接要牢固、稳定,防止在施钻时钻机产生下沉、摆动、位移而影响钻孔质量。

（3）钻机定位：将钻机安放在施钻平台上，调整好高度、钻杆的倾角和方位角，要求钻机与已设定好的孔口管方向平行，必须精准核定钻机位置。用经纬仪、挂线、钻杆导向相结合的方法，反复调整，确保钻机钻杆轴线与孔口管轴线向吻合。然后将钻机牢固固定在施钻平台上，检查各管线和连接件是否正确。

6. 钻孔

（1）钻孔前，精确测定孔的平面位置、倾角、外插角，并对每个孔进行编号。

（2）钻孔由 1~2 台钻机由高位孔向低位孔进行。

（3）为了确保钻杆接头有足够的强度、刚度和韧性，钻杆连接套与钻杆同材质。为防止钻杆在推动力和振动力的双重作用下，上下颤动，导致钻孔不直，钻孔时，把扶正器套在钻杆上，随钻杆向前平移。

（4）根据孔口管的倾角和方向，利用钻杆的延伸和吊锤准确确定钻孔的方向，即固定钻机。利用钻机的变角度油缸，参照导向管的倾角确定钻机的倾角，确保钻杆线与开孔角度一致，以达到为钻进导向的作用。

（5）将钻头和钻杆穿过导向管，对准已做好标记的孔位孔心，慢慢开动钻机（钻机开孔时钻速不宜过高，钻深 20 cm 后转入正常钻速），注意钻孔应平直，孔底偏差距离小于钻孔的半径。用螺旋钻杆配三翼钻头，干式钻进成孔。钻孔直径不小于 125 mm；钻孔平面误差不大于 50 mm。

（6）钻进过程中经常用倾斜仪测定其位置，并根据钻机钻进的状态判断成孔质量。为了能顺利下管，成孔后再进行扫孔，顺通孔道。大管棚施工完成后，呈伞形辐射状。

7. 安装大管棚

大管棚安装时用钻机顶进，钢管间为丝扣连接，用自由钳旋转拧紧，相邻两孔的钢管接头要相互错开。顶进钢管时要保证导管的倾角和方位角与钻孔钻杆前进的倾角和方位角一致。最好在钻完一个孔后不要移动钻机，立即将该孔的导管顶入孔内，安装好导管后，再移开钻机进行下一孔的钻进。

8. 配管

为了使大管棚的整体受力效果更好，在接长管棚钢管时，钢管接头在隧道纵断面上错开 2 m。下管时，由于 ϕ 108 mm×8 mm 的大导管从 4~6 m 不等，故必须将管子相互连接起来，才能达到设计长度。安装同孔导管时将 4 m 管和 6 m 管间隔装入孔中，相临两孔丝扣连接处相互错开，同一横断面内的接头数量不大于 50%，相邻接头至少错开 1 m。

9. 送管

只要具备足够的场地或空间，就可充分利用大型机械送管，以提高效率，并减少工人的劳动强度。第一环大管棚，利用钻机送管或利用挖掘机挖斗向前送管。但第二环第三大管棚由于在洞内，场地狭窄，大型机械无法操作，只能用钻机送管。成孔后，通过异型接头，用主动钻杆带动 ϕ 108 mm×8 mm 的大导管，边旋转（克服摩擦阻力）边向前推进，直至将全部管子送到位。

10. 管口封闭

在管子端部焊一带眼的钢板，然后将 ϕ 32 mm×4 mm（长 50 cm）的注浆管与该钢板相焊。

注浆管为三通构造:一通接 ϕ 108 mm×6 mm 的大导管,一通接塑胶管,一通为冲洗用(冲洗口主要是为防止水泥浆或水玻璃凝固,造成堵管,可以及时地将管道用水冲洗干净)。

注浆工艺如下:

1)大导管注浆施工参数

(1)先在 ϕ 108 mm×6 mm 钢管上钻 ϕ 15 mm 的出浆孔,孔距 20 cm,呈梅花形布置。钢管尾部 2.5 m 不钻花孔作为止浆段。

(2)注浆材料为 M20 水泥砂浆,水灰比($W:C$)为 0.5:1。注浆压力初压按 0.5~1 MPa,终压 2.0 MPa,当注浆终压达到 2.0 MPa 而注浆不进时,再稳压 3~5 min 方可结束灌浆,注浆压力根据现场实际情况进行调整。

2)大导管注浆量计算

$$Q = \pi r2H\eta a$$

式中:r 为浆液扩散半径;H 为大导管长度,取 24 m;η 为岩体孔隙率,取 0.6;a 为充填率系数,取 0.3。

大导管棚注浆量计算见表 10-1。

表 10-1　大管棚注浆量计算

H	r				
	0.1	0.2	0.3	0.4	0.5
24		543	1 221	2 171	3 393
钢管净空容量	196				

注:1. r、H 单位以 m 计;Q 单位以 L 计。

2. 注浆量必须大于钢管的净空容量。

注浆时,每根钢管的注浆量一般达到设计量,估计扩散半径小于 0.2 m。

3)浆液的调制步骤

(1)水泥浆液搅拌,在拌和机内进行,根据拌和机容量大小,严格按要求投料。

(2)搅拌投料的顺序为:在放水的同时,将外加剂(如有)一并加入搅拌,待水量加足后,继续搅拌 1 min,并将水泥投入,搅拌时间不小于 3 min,并在注浆过程中不停搅拌浆液。

(3)配制水泥浆时,严防水泥包装纸及其他杂物混入。拌好的浆液在进入贮浆槽及注浆泵之前均应对浆液进行过滤,未经过滤网过滤的浆液不允许进入泵内。

(4)配制的浆液在规定时间内注完。

4)注浆方式及顺序

(1)注浆方式:根据围岩类别、地质条件、机械设备及注浆孔的深度选用全孔式,即钻孔直至孔底,然后一次注浆完毕。

(2)注浆顺序:从拱顶对称向下进行。如遇串浆或跑浆,则间隔一孔或数孔灌注。注浆结束后,利用止浆阀保持孔内压力,直至浆液完全凝固。

注浆压力与地层条件及注浆范围要求有关,一般要求能扩散到管周 0.5~1.0 m 的半径范围内。但应控制注浆量,每根大导管内已达到规定注入量时就可结束,若孔口压力已达到规定压力值而注入量仍不足,亦应停止注浆,以防压裂开挖面。

5)注浆作业要求

(1)浆液的浓度、胶凝时间符合设计要求,不得任意变更。

(2)经常检查泵口及孔口注浆压力的变化,发现问题及时处理。

(3)注浆时,经常测试浆液的胶凝时间,发现不符,立即调整。

6)注浆结束条件

单孔结束条件:注浆压力达到设计终压,浆液注入量已达到计算值的 80% 以上。

全地段结束条件:所有注浆孔均已符合单孔结束条件,无漏注浆情况。

7)注浆完成情况检查

(1)分析法:分析注浆记录,看每个孔的注浆压力、注浆量是否达到设计要求;在注浆过程中,漏浆、跑浆是否严重;以浆液注入量估算浆液扩散半径,分析是否与设计相符。

(2)查孔法:用地质钻机按设计孔位和角度钻检查孔,取岩芯进行鉴定。

8)注浆后至开挖前的时间间隔

单液水泥浆开挖时间为注浆后 8 h 左右。

9)注浆异常现象处理

(1)发生串浆现象,即液浆从其他孔中流出时,采用方法为堵塞串浆,隔孔注浆。

(2)单液注浆水泥浆压力突然升高,可能发生了堵管,停机检查。

(3)水泥浆单液注浆进浆量很大,压力长时间不升高,则应调整浆液浓度及配合比,缩短凝胶时间,进行小量低压力注浆或间歇式注浆,使浆液在裂隙中有相对停留时间,以便凝胶,但停留时间不能超过混合浆的凝胶时间,才能避免产生注浆不饱满。

10.1.1.2　导流洞钢拱架支护技术

1. 施工工艺流程

洞身开挖采用自上而下分层进行,台阶式开挖的施工方法。导流洞共分上、下两层开挖,上层高 5 m、下层高 6.2 m(断面不同时可适当调整高度)。上层开挖超前进行,采用全断面法开挖,下层分左右两区进行开挖,待上层开挖进尺 60~80 m 时,开始进行下层开挖,下层采用半幅开挖,半幅留作路腿的开挖方式。根据随挖随支护的原则,在上层洞挖一个循环进尺后,随即进行钢拱架支护。下层开挖后,人工连接钢拱架进行下层支护。

钢拱架施工工艺流程为:

(1)测量→上部开挖→钢拱架加工质量检验→安装钢拱架→隐蔽工程检查验收→喷射混凝土。

(2)测量→下部开挖→钢拱架加工质量检验→安装钢拱架→隐蔽工程检查验收→喷射混凝土。

2. 施工工艺要点

(1)钢拱架在钢筋加工棚进行加工,加工前先按 1:1 的比例进行放样。

(2)钢拱架分节段制作,每节段长度根据设计尺寸或开挖方法确定,长度不宜大于 5 m。每节段应编号,注明安装位置,型钢钢架采用冷弯法制作成型。

(3)钢拱架接头钢板厚度及螺栓规格满足设计要求;接头钢板螺栓孔采用机械钻孔,孔口采用砂轮机清除毛刺和钢渣,要求每榀之间可以互换,严禁采用气割冲孔。

（4）钢拱架加工尺寸应符合设计要求，其形状与开挖断面相适应。

（5）不同规格的首榀钢拱架加工完成后，应放在平地上试拼，拼装允许误差满足设计要求后，方可批量生产。

（6）钢拱架安装前应检查开挖断面的轮廓、中线及高程。

（7）钢拱架安装应确保两侧拱脚必须放在牢固的基础上。安装前应将底脚处的虚渣及其他杂物彻底清除干净；脚底超挖、拱脚标高不足时，应用混凝土垫块填充。钢拱架需埋入地坪以下不小于 30 cm。为保证二次衬砌混凝土空间，顶拱宜预留 3~5 cm 下沉量，边墙宜预留 3~5 cm 收敛，同时应紧贴围岩。对于钢拱架外围小于 15 cm 的间隙，选用坚硬毛石揳紧，如有较大掉块超挖空腔，安装后，连同外围空腔一起用毛石混凝土回填。

（8）当拱脚处围岩承载力不足时，应向围岩方向加设钢垫板、垫梁或浇筑强度不低于 C20 的混凝土以加大拱脚接触面积。

（9）钢拱架立起后，根据中线、水平将其校正到正确位置，然后用定位筋固定，并用纵向连接筋将其和相邻钢架连接牢固。钢拱架安装时应垂直于隧道中线，竖向不倾斜、平面不错位，不扭曲。

（10）钢拱架应严格按设计架设，间距必须符合设计要求，钢拱架安装位置用红色油漆标注，并编写节段号码。

10.1.1.3　导流洞锚喷支护技术

1. 锚杆施工

1）材料

（1）锚杆：材料按施工图纸的要求分为砂浆锚杆和锁脚锚杆两种，尺寸均为 ϕ25 mm，长度为 4 m 或 5 m，均采用Ⅲ级高强度的螺纹钢筋。

（2）水泥：注浆锚杆水泥砂浆采用 P·O42.5 水泥。

（3）砂：最大粒径小于 2.5 mm。

（4）水泥砂浆：砂浆强度等级必须满足施工图纸的要求，注浆锚杆水泥砂浆的强度等级不低于 M30。

（5）外加剂：按施工图纸要求，在注浆锚杆水泥砂浆中添加的速凝剂和其他外加剂，其品质不含有对锚杆产生腐蚀作用的成分。

2）锚杆孔的钻孔

根据施工图纸要求，边坡支护锚杆（ϕ25 mm，长度 4 m、5 m）间排距均为 2.5 m，呈梅花形布置；洞身段支护锚杆分为顶拱锚杆和侧壁锚杆，顶拱锚杆（ϕ25 mm，长度 4 m）间距为 10°，排距为 1.5 m，侧壁锚杆（ϕ25 mm，长度 4 m）间排距为 3 m，锚杆位置均为梅花形布置；超前支护管棚（ϕ108 mm）由测量人员按设计图纸间距和排距的要求定出位置，岩石钻孔采用 YT27 型气腿式风钻凿孔，锚杆钻孔按以下要求进行施工：

（1）锚杆孔的开孔按施工图纸布置的钻孔位置进行放样施工，其孔位偏差不大于 100 mm。

（2）锚杆孔的孔轴方向满足施工图纸的要求。施工图纸未做规定时，其系统锚杆的孔轴方向垂直于开挖面；局部加固锚杆的孔轴方向与可能滑动面的倾向相反，其与滑动面的交角大于 45°。

（3）岩石注浆锚杆的钻孔孔径大于锚杆直径，此标段采用"先安装锚杆后注浆"的程序施工，钻头直径大于 50 mm。

（4）锚杆孔深度必须达到施工图纸的规定，孔深偏差值不大于 50 mm，钻孔完毕后立即安插锚杆以防塌孔。

3）锚杆制作

锚杆为直径 25 mm 的Ⅲ级钢筋，锚杆由专人制作，为使锚杆置于钻孔的中心，在锚杆上每隔 2 m 设置定位器一个。

4）锚杆的锚固和安装

在锚杆安装前，先进行测孔和清洗，对于不符合要求的孔，进行纠正处理后方可进行施工。砂浆锚杆安装完成后，在孔口用小石作楔子，临时居中固定，以免锚杆松动；锁脚锚杆安装：钻孔完成并经检验合格后，将锚杆放入孔口，用大锤敲击打入，直至设计长度。

5）锚杆的注浆

（1）锚杆注浆的水泥砂浆配合比，应在以下规定的范围内通过试验选定：水泥：砂为 1:1～1:2（质量比）；水泥：水为 1:0.38～1:0.45。

（2）先注浆的支护锚杆，采用风动压气罐进行压注。压气罐的正常工作风压为 490～588 kPa。灌浆时先将砂浆装入罐内，将输料软管与罐底的铁管连上，然后打开进气阀，使压缩空气进入罐内，砂浆即沿软管和注浆管压入钻孔内。灌浆用水泥砂浆的配合比为 0.4（水）：1.0（水泥）：0.5（砂）。注浆时必须将注浆管插至孔底，靠砂浆的注入压力将注浆管徐徐压出，以确保孔内注浆饱满密实。注满砂浆的钻孔，用带孔橡皮球将孔口堵住，防止砂浆外流。钻孔内注满浆后立即将锚杆从橡皮球孔内徐徐插入，以免将砂浆过量挤出，造成孔内砂浆不密实，影响锚固力。锚杆插到孔底以后，立即在孔口用木楔搂紧，24 h 后才能拆除楔块；后注浆的永久支护锚杆，在锚杆安装的同时安装排气管，排气管距孔底 50～100 mm，安装完成后立即进行注浆。

（3）注浆压力控制在 1～1.5 MPa，输送能力大于 0.7 m³/h。

（4）待排气管出浆时停止注浆。

（5）锚杆注浆后，自然养护不少于 7 d，在砂浆凝固前，不得敲击、碰撞和拉拔锚杆。

2. 喷射混凝土施工

1）喷射作业前的准备工作

（1）喷射混凝土作业前，对喷射操作人员进行技术培训，考核合格后持证上岗。

（2）检查工作平台的牢固性。

（3）清除浮石、松动的岩石、岩粉、岩渣和其他堆积物，检查作业面尺寸，处理欠挖岩体，用高压水冲洗作业面，并对受污染的作业面进行清理，清理完成后进行挂钢筋网施工。

（4）喷射作业前进行风水管路和电器设备的检查，对机械设备做试运行。

（5）喷射作业区安设充足的照明设备并具备良好的通风条件。

（6）在受喷面设置控制喷层厚度标志。

2）挂钢筋网

在锚杆施工完毕，喷射混凝土前进行钢筋网布设。钢筋网片在钢筋加工厂制作，用 5 t 载重汽车运输，人工运至工作面。按施工图纸的要求和监理人的指示，在指定部位安装,钢筋网间距为 20 cm×20 cm,钢筋采用 8 mm 的圆钢(Ⅰ级钢筋),钢筋保护层厚度不小于 30 mm。

钢筋网随受喷面的起伏铺设,与受喷面的间隙为 3~5 cm。捆扎牢固,并用焊接法把钢筋网与锚杆连接在一起,在喷射混凝土时,钢筋不得晃动。

3)喷射混凝土施工

边坡喷混凝土采用移动式拌和机拌和,采用混凝土喷射机按干喷工艺分段分片依次进行,自下而上,分层施喷。

(1)原材料。

水泥:采用普通硅酸盐水泥,水泥强度等级为 42.5。

砂石料:采购满足设计要求的砂石料。细骨料细度模数大于 2.5,粗骨料应采用耐久的卵石或碎石,粒径不大于 15 mm。喷射混凝土的骨料级配满足表 10-2 的要求。

表 10-2　喷射混凝土用骨料通过各种筛径的累计质量百分数(%)

项目	骨料粒径(mm)							
	0.15	0.30	0.60	1.20	2.50	5.00	10.00	15.00
优	5~7	10~15	17~22	23~31	34~43	50~60	73~82	100
良	4~8	5~22	13~31	18~41	26~54	40~70	62~90	100

速凝剂:质量符合施工图纸要求并有生产厂的质量证明书,初凝时间不大于 5 min,终凝时间不大于 10 min。

水:采用混凝土拌和用水。

(2)混凝土配合比。

施工配合比由实验室提供。一般情况下,水泥与骨料之比为 1:4.0~1:4.5,水泥用量为 450~500 kg/m³,砂率为 50%~60%,水灰比为 0.4~0.5,速凝剂的掺量顶拱 3%~4%,侧墙不超过 2%。拌制混合料时,称量(按质量计)的允许偏差应符合下列规定:水泥和速凝剂为±2%;砂、石均为±3%。

(3)工艺流程。

分供料、供风、供水三个系统,喷射混凝土工艺流程如图 10-3 所示。

供料:石子和砂按配合比质量过秤,然后进入搅拌机中和水泥混合,拌匀后,将混合料倒入运料翻斗车运到作业面,在贮料槽中加入速凝剂并人工拌至均匀后,经皮带机进入喷射机中。

供水:采用施工供水系统,加设增压装置,管路送到喷头。

供风:由 12 m³/min 空压机送风进入风包,经汽水分离器后用风管进入喷射机。

4)施工工艺

(1)喷射作业分段、分片按由下而上、先墙后拱顺序进行,每段长度为 5 m。

(2)喷射作业时,喷嘴要垂直受喷面做反复缓慢螺旋形运动,螺旋直径 20~30 cm,同时与受喷面保持一定的距离,一般取 0.6~1.0 m。若受喷面被钢筋网或格栅钢架覆盖,将喷头稍加倾斜,但不小于 70°,以保证混凝土喷射密实,保证钢支撑背面填满混凝土,黏结

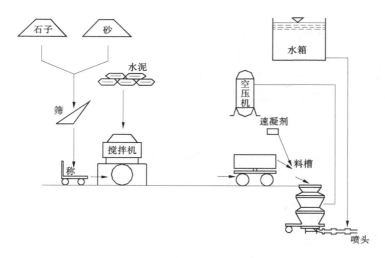

图 10-3　喷射混凝土工艺流程

良好。

（3）喷射混凝土分两次施喷完成，第一次喷射 5 cm 混凝土后，施作锚杆、格栅钢架，再复喷至设计厚度。后一层在前一层混凝土终凝后进行，终凝 1 h 后再喷射时，先用风水清洗喷层面。

（4）喷射作业分段、分片，由下而上的顺序进行，分层喷射，边墙每层厚度按 3~4 cm 控制，拱部按 2.5~3 cm 控制，后一层在前一层混凝土终凝后进行，直至复喷到设计厚度。喷嘴与受喷面保持垂直，距受喷面 0.6~1.0 m，喷射机压力不小于 0.3 MPa。

（5）喷射混凝土作业紧跟开挖面，下次爆破距喷射混凝土作业完成时间的间隔不小于 4 h。

（6）严格执行喷射机操作规程：连续向喷射机供料；保持喷射机工作风压稳定；完成或因故中断喷射作业时，将喷射机和输料管内的积料清除干净。

（7）喷射混凝土的回弹率控制不大于 25%。

（8）喷射厚度的控制：采用标桩法，利用锚杆或用速凝砂浆将铁钉固定在岩面上，铁钉长度比设计厚度大 1 cm，每平方米固定 2 个。

5）常见问题的处理

（1）岩面渗水快或滴水：采用凿孔置导管的方法，化分散为集中，由排水管集中将水导出。对于渗水慢或微弱滴水的岩面，直接喷混凝土。

（2）喷射料回弹：喷射混凝土的回弹率，一般拱部为 20%~25%，两侧为 10%~15%。回弹料作骨料会降低喷射混凝土的强度，不得重复利用。

6）养护

喷射混凝土终凝后 2 h，开始喷水养护；养护时间不少于 7 昼夜；气温低于 +5 ℃时，不得喷水养护；每昼夜喷水养护的次数，以经常保持喷射混凝土表面具有足够的潮湿状态为度。

7）喷射混凝土质量检查

（1）每批材料到达工地后，进行质量检查与验收。

（2）混合料的配合比及称量偏差，每班至少检查一次，条件变化时，及时检查。

（3）混合料搅拌的均匀性，每班至少检查两次。

（4）喷射混凝土必须做抗压强度试验，当设计有其他要求时，增做相应性能的试验。

（5）检查喷射混凝土抗压强度所需试块在工程施工中制取。试块数量，每喷射 50～100 m³ 混合料或小于 50 m³ 混合料的独立工程不得少于一组，每组试块三个；当材料或配合比变更时，另作一组。

（6）喷射混凝土抗压强度是指在一定规格的喷射混凝土板件上，切割制取边长为 100 mm 的立方体试块，在标准养护条件下养护 28 d，用标准试验方法测得的极限抗压强度乘以 0.95 的系数。

10.1.2　泄洪洞支护技术

10.1.2.1　泄洪洞管棚支护技术

1. 出口段超前注浆管棚施工技术

1）技术要求

（1）出口段（0+549～0+554）超前注浆管棚为 φ 108 mm 管棚，共 38 根，单根长 12 m，间距 0.45 m，纵向搭接长度 3.0 m。

洞口两侧各设置 5 排 φ 25@ 500，$L=5.0$ m 梅花形布置的锁口锚杆，洞脸四周喷 0.1 m 厚 C25 混凝土。

洞口内支护采用间距 I18@ 800 工字钢钢拱架，两侧壁布置 φ 25，$L=4.0$ m 锁脚锚杆并与钢拱架相焊接，挂 φ 8@ 200 钢筋网，并喷 0.2 m 厚 C25 混凝土。

（2）管棚注浆材料：采用 M30 水泥砂浆，注浆压力初压按 0.5～1.0 MPa，终压 2.0 MPa，当注浆终压达到 2.0 MPa 而注浆不进时，再稳压 3～5 min 方可结束灌浆，注浆压力根据现场实际情况进行调整。

2）施工工艺

（1）工艺流程图。

超前注浆管棚施工工艺流程图见图 10-4。

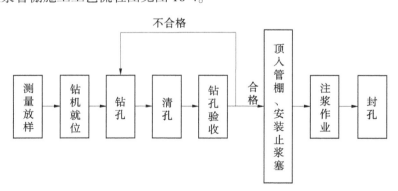

图 10-4　超前注浆管棚施工工艺流程图

（2）测定孔位。

用全站仪精确测定开挖轮廓线。

（3）导向墙及导向管施工。

用液压凿岩机沿开挖轮廓线在外侧凿出一道深 90 cm、宽 50 cm 的沟槽。用 I18 工字钢加工两榀钢拱架，并连接在一起，按照设计要求管棚位置、间距及角度，在已加工成型的工字钢钢拱架上钻孔，穿入直径 137 mm 的导向管，并把导向管牢固地焊接在钢拱架上。加工成型的钢拱架运至现场后安装和固定在沟槽内，暂时封堵导向管管口，立外模板，并浇筑导向墙混凝土。

（4）导管加工。

管棚导管采用 12 m 整根，管壁加工间距为 20 cm×20 cm 的 φ15 mm 注浆孔，梅花形布置，以利于浆液通过管壁孔扩散到地层中。安装导管时应保证相邻两孔丝扣连接处相互错开，同一横断面内的接头数量不大于 50%，相邻接头至少错开 1 m。管棚导管如图 10-5 所示。

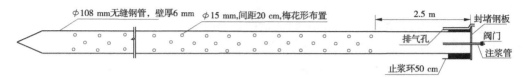

图 10-5　管棚导管

（5）钻机就位。

钻机就位处的岩层应坚硬，确保在钻进过程中，钻机不发生倾斜或滑动。钻机的底座应用水平尺或水准仪将其调平。钻臂的仰角与设计仰角相同。

（6）钻孔。

将钻头对准导向管管口，慢慢开动钻机，注意钻孔应平直，孔底偏差距离小于钻孔的半径。用螺旋钻杆配三翼钻头，干式钻进成孔。钻头直径 φ130 mm；钻孔平面误差不大于 50 mm；钻进过程中应及时校正钻孔方向，保证与设计方向相同。

（7）清孔。

钻孔结束后，应用高压水冲洗钻孔，直到回水清澈。

（8）钻孔验收。

清孔结束时及时通知监理工程师验收，验收合格后方可进行下道工序施工。

（9）管棚顶入、安装止浆塞。

用加工好的直径 108 mm、长 12 m 无缝钢管钻机顶进，顶进钢管时要保证导管的倾角和方位角与钻孔钻杆前进的倾角和方位角一致。钻完一个孔后立即将该孔的导管顶入孔内，安装好导管后，再移开钻机进行下一孔的钻进。

止浆环用锚固剂封堵，封堵长度 50 cm，保证止浆效果。

（10）管口封闭。

导管封闭：在导管孔口端焊一带眼的钢板，然后将 φ25 mm 的注浆管与该钢板相焊，外露 20 cm，然后安装一阀门，当出现堵管时，可打开阀门用高压水冲洗管道。

　　钻孔封闭:用锚固剂封堵导管与导向管之间的空隙,封堵长度不短于50 cm,在上壁安装塑料软管排气孔,排气孔伸入洞内1 m,伸出洞外0.3 m,以便于封堵。

　　(11)注浆。

　　注浆材料:采用M30水泥砂浆,水灰比为0.45。水泥浆液搅拌在强制式灰浆搅拌机内进行,根据灰浆搅拌机容量大小,按设计要求的水泥砂浆强度等级和试验配合比事先计算好每次的投料需用量进行配料;在放水的同时,将外加剂一并加入搅拌,待水量加足后,继续搅拌1 min,并将水泥投入,搅拌时间不小于3 min,待水泥小团全部溶解成均匀的浆液时,放浆至储浆斗内,其间需经过滤网的进一步过滤,保证浆液在使用过程中不堵塞注浆管和管壁上的注浆孔,且配制的浆液需在规定时间内用完。

　　注浆顺序:从拱顶对称向下进行。如遇串浆或跑浆,则间隔一孔或数孔灌注。

　　注浆压力:初压可按0.5~1.0 MPa,终压2.0 MPa,当注浆终压达到2.0 MPa而注浆不进时,再稳压3~5 min方可结束灌浆,注浆压力可根据现场实际情况进行调整。

　　2.进口段超前注浆小管棚施工技术

　　1)技术要求

　　(1)进口渐变段(0+027.1~0+038)超前注浆管棚为7排φ42.3 mm小管棚,每排18根,单根长度L=4.5 m,外露0.3 m,上倾角10°。

　　洞口上方设置3排φ25@1 000,L=9 m锁口锚杆,洞口两侧各设置3排φ25@1 000,L=5 m锁口锚杆,喷0.1 m厚C25混凝土。

　　洞口内支护采用间距I20b@800工字钢钢拱架,挂φ8@200钢筋网,并喷0.25 m厚C25混凝土。

　　(2)管棚注浆材料:采用M30水泥砂浆,注浆压力初压按0.5~1.0 MPa,终压2.0 MPa,当注浆终压达到2.0 MPa而注浆不进时,再稳压3~5 min方可结束灌浆,注浆压力根据现场实际情况进行调整。

　　2)施工工艺

　　(1)工艺流程图,见图10-6。

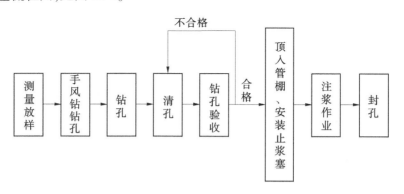

图10-6　工艺流程图

　　(2)测定孔位。

　　用全站仪精确测定钻孔位置。

（3）导管加工。

钢管截成 4.5 m，前端打尖，并在前端 2 m 段布置透浆孔，直径 15 mm，孔间距 20 cm，梅花形布置。

（4）钻孔。

钻孔前，搭设钢管脚手架，铺设脚手板。高处作业前，应检查排架、脚手板、通道、马道、梯子和防护设施，符合安全要求方可作业。高处作业使用的脚手板平台，应铺设固定脚手板，临空边缘应设高度不低于 1.2 m 的防护栏杆。

钻孔采用 YT27 型气腿式风钻（直径 50 mm）进行，钻孔前由测量人员按设计要求的间排距用红漆画出小管棚位置，将钻头对准开孔位置，控制上倾角 10°，慢慢开动钻机，钻进过程中应及时校正钻孔方向，保证钻孔平直且设计方向相同。钻孔深度必须达到施工图纸的规定。

管棚钢管安装前由质检人员对锚杆孔进行检查，对不符合要求的锚杆孔进行处理。

（5）清孔。

钻孔结束后，应用高压水冲洗钻孔，直到回水清澈。

（6）钻孔验收。

清孔结束时及时通知监理工程师验收，验收合格后方可进行下道工序施工。

（7）管棚送入、安装止浆塞。

小管棚人工直接送入，顶进钢管时要保证导管的倾角和方位角与钻孔钻杆前进的倾角和方位角一致，顶进后保证外露 0.3 m。

（8）管口封闭。

导管封闭：在导管孔口端焊一带眼的钢板，然后将 ϕ 25 mm 的注浆管与该钢板相焊，外露 20 cm，然后安装一阀门，当出现堵管时，可打开阀门用高压水冲洗管道。

钻孔封闭：用锚固剂封堵导管与围岩之间的空隙，封堵长度不短于 50 cm，在上壁安装塑料软管排气孔，排气孔伸入洞内 1 m，伸出洞外 0.3 m，以便于封堵。

（9）注浆。

注浆材料：采用 M30 水泥砂浆，水灰比为 0.45。水泥浆液搅拌在强制式灰浆搅拌机内进行，根据灰浆搅拌机容量大小，按设计要求的水泥砂浆强度等级和试验配合比事先计算好每次的投料需用量进行配料；在放水的同时，将外加剂一并加入搅拌，待水量加足后，继续搅拌 1 min，并将水泥投入，搅拌时间不小于 3 min，待水泥小团全部溶解成均匀的浆液时，放浆至储浆斗内，其间需经过滤网的进一步过滤，保证浆液在使用过程中不堵塞注浆管和管壁上的注浆孔，且配制的浆液需在规定时间内用完。

注浆顺序：从拱顶对称向下进行。如遇串浆或跑浆，则间隔一孔或数孔灌注。

注浆压力：注浆压力按 0.5~1.0 MPa，可根据现场实际情况进行调整；在达到设计压力下，当吸浆量小于 3 L/min 时，持续 10 min 可结束灌浆。

10.1.2.2　泄洪洞钢拱架支护技术

当围岩较为破碎且自稳性较差时，开挖后，要求初期支护有较大的刚度，以阻止围岩的过度变形和承受部分松弛荷载，钢拱架就具有这样良好的力学性能，因此开挖过后，钢拱架要及时施作。根据围岩的破碎程度，拱架可以很好地与锚杆、钢筋网、喷射混凝土相结合,构成联合支护,增强支护的有效性,且受力条件较好。

1. 工艺流程

泄洪洞开挖采用两层三区法施工(见图 10-7),上下分为两层,下层再从中间分为左右两个作业面。施工时,先开挖上层,上层导洞进尺 80~100 m 后,开始进行下部开挖,而后上下两层同时进行、循环进尺。这样洞挖就形成了两个可以同时钻爆的作业区。

两层三区施工法上层高 6.6 m,下层高 6.0 m(断面不同时可适当调整高度)。

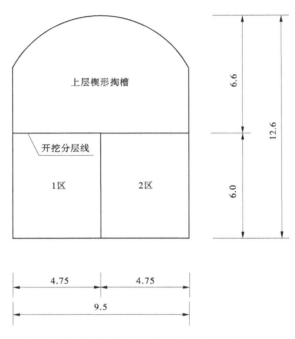

图 10-7　泄洪洞开挖分层分区示意图　(单位:m)

图 10-7 说明:

(1)图中尺寸单位为 m。

(2)开挖分两层进行,锚喷支护滞后开挖掌子面不大于 10 m。

(3)开挖期间可根据实际情况调整。

钢拱架施工工艺流程为:

(1)测量→上部开挖→安装钢拱架→检查验收→喷射混凝土。

(2)测量→下部开挖→安装钢拱架→检查验收→喷射混凝土。

2. 钢拱架施工控制要点

(1)钢拱架在钢筋加工棚进行加工,拱架加工好后要进行预拼装,合格后方可使用。

(2)钢拱架分节段制作,每节段长度根据设计尺寸或开挖方法确定,长度不宜大于 5 m。每节段应编号,注明安装位置,型钢钢架采用冷弯法制作成型。

(3)钢拱架接头钢板厚度及螺栓规格满足设计要求;接头钢板螺栓孔采用机械钻孔,孔口采用砂轮机清除毛刺和钢渣,要求每榀之间可以互换,严禁采用气割冲孔。

(4)钢拱架加工尺寸应符合设计要求,其形状与开挖断面相适应。

（5）不同规格的首榀钢拱架加工完成后，应放在平地上试拼，拼装允许误差满足设计要求后，方可批量生产。

（6）钢拱架安装前应检查开挖断面的轮廓、中线及高程。

（7）钢拱架安装应确保两侧拱脚必须放在牢固的基础上。安装前应将底脚处的虚渣及其他杂物彻底清除干净；脚底超挖、拱脚标高不足时，应用混凝土垫块填充。钢拱架需埋入地坪以下不小于 30 cm。为保证二次衬砌混凝土空间，顶拱宜预留 3~5 cm 下沉量，边墙宜预留 3~5 cm 收敛，同时应紧贴围岩。对于钢拱架外围小于 15 cm 的间隙，选用坚硬毛石搋紧，如有较大掉块超挖空腔，安装后，连同外围空腔一起用毛石混凝土回填。

（8）当拱脚处围岩承载力不足时，应向围岩方向加设钢垫板、垫梁或浇筑强度等级不低于 C20 的混凝土以加大拱脚接触面积。

（9）钢拱架立起后，根据中线、水平将其校正到正确位置，然后用定位筋固定，并用纵向连接筋将其和相邻钢架连接牢固。钢拱架安装时应垂直于隧道中线，竖向不倾斜、平面不错位，不扭曲。

（10）施工时钢拱架与超前注浆小管棚外露部分牢固焊接，无法焊接的钢拱架顶拱部位焊接 ϕ 25@2 500、$L=5$ m 锚杆，锚杆钻入围岩。当钢拱架与系统锚杆位置冲突时，牢固焊接相连。

（11）上部钢拱架支立后采用锁脚锚杆进行固定，相邻钢拱架采用纵向连接筋固定，并进行喷锚。下部开挖完成后，手动凿除上下层接口连接钢板处混凝土，然后用 M20 螺栓连接。

（12）钢拱架应严格按设计架设，间距必须符合设计要求，钢拱架安装位置用红色油漆标注，并编写节段号码。

（13）架设钢拱架时要安排测量人员全程监测，控制拱顶高程、水平距离最大跨宽度和倾斜度，不符合要求时及时调整，确保拱架施工各项指标符合技术规范要求。

10.1.2.3　泄洪洞锚喷支护技术

1. 普通锚杆施工

1）施工锚杆施工工艺流程图

普通锚杆施工工艺流程图见图 10-8。

2）材料

购买符合设计要求的原材料，运至现场的水泥应有出厂合格证和材质单，钢筋应有出厂说明书或试验报告单，外加剂应有出厂检测报告。

材料投入使用前，应先取样送检，合格后方能投入使用。

3）锚杆孔的钻孔

根据施工图纸要求，洞身段支护锚杆分为顶拱锚杆和侧壁锚杆，顶拱锚杆（ϕ25 mm，长度 3 m）1.5 m、1.6 m、2.0 m，侧壁锚杆（ϕ25 mm，长度 3 m）间排距为 1.5 m、1.6 m，锚杆位置均为梅花形布置。

施工利用自制简易台车架使用 YT27 型手风钻（钻头直径 45 mm）进行，钻孔前由测量人员按设计要求的间排距用红漆画出开孔位置，将钻头对准开孔位置，控制钻孔垂直于开挖轮廓线，慢慢开动钻机，钻进过程中及时校正钻孔方向，保证钻孔平直并与设计方向

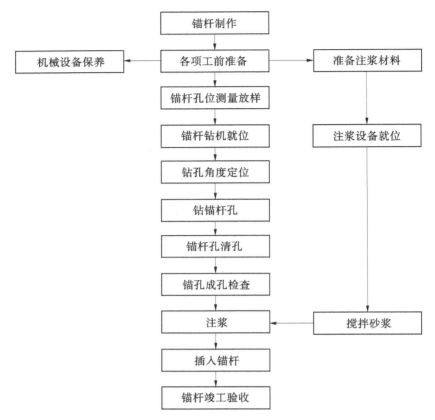

图 10-8　普通锚杆施工工艺流程图

相同,钻孔深度必须达到施工图纸的规定,钻孔完毕后立即安插锚杆以防塌孔。

4)锚杆的注浆

经试验确定,锚杆注浆的水泥砂浆配合比如表 10-3 所示。

表 10-3　锚杆注浆的水泥砂浆配合比

项目	C25 混凝土		
材料	单位	数量	备注
水泥	kg	682	P·O42.5 普通硅酸盐水泥
砂	kg	1 017	
水	kg	199	

砂浆采用风动压气罐进行压注,灌浆时先将砂浆装入罐内,将输料软管与罐底的铁管连上,然后打开进气阀,使压缩空气进入罐内,砂浆即沿软管和注浆管压入钻孔内。注浆时必须将注浆管插至孔底,靠砂浆的注入压力将注浆管徐徐压出,以确保孔内注浆饱满密实。注满砂浆的钻孔,用带孔橡皮球将孔口堵住,防止砂浆外流,如图 10-9 所示。钻孔内注满浆后立即将插杆从橡皮球孔内徐徐插入,以免将砂浆过量挤出,造成孔内砂浆不密

实,影响锚固力。锚杆插到孔底以后,立即在孔口用木楔揿紧,24 h 后才能拆除楔块。

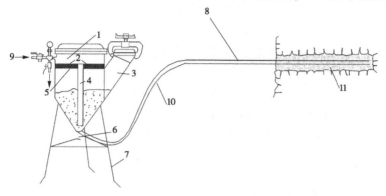

1—贮气间;2—气孔(ϕ 10 mm);3—装料口;4—风管;5—隔板;6—出口料;
7—支架;8—注浆管;9—进气口;10—输料软管;11—锚筋孔

图 10-9　先浆后杆法锚杆孔注浆示意图

锚杆安装后,在砂浆强度达到设计要求之前,不得敲击、碰撞和牵拉锚杆。

5)钢筋防护网片的安装

在钢筋加工厂将钢筋加工成 ϕ 8@200 mm 钢筋网片,待锚杆安装完成后,用 5 t 载重汽车运输钢筋网片,人工运至工作面开始挂设。钢筋网安设时随受喷面的起伏铺设,与受喷面的间隙不小于 30 mm,并用焊接法把钢筋网与锚杆或架立筋联结在一起,钢筋网固定在锚杆外端,用钩头固定于围岩上,保证在喷射混凝土作业时不颤动。安装时保证钢筋网片搭接长度为 1 个网格。

2.喷射混凝土施工

泄洪洞进口开挖期前边坡喷混凝土采用移动式拌和机拌和,后期采用混凝土拌和系统拌制。采用混凝土喷射机按湿喷工艺分段分片依次进行,自下而上,分层施喷。

(1)工艺流程。

分供料、供水、供风三个系统,见图 10-3。

供料:混凝土拌和站统一供料,按照设计配比进行配料,拌制采用经过率定的电子称自动称量和控制,保证材料误差符合规范规定。拌制后的干喷料用自卸汽车运至作业现场,卸料等待使用。

供水:采用深井地下水及现场修建的水池进行系统供水。

供风:由 12 m³/min 空压机送风进入贮气罐,经汽水分离器后用风管进入喷射机。

(2)喷射作业。

风压:利用压缩空气吹送干混合料,要求风压稳定,压力大小适中。

$$空载压力 = 0.1 \times 输料管长度$$
$$工作风压 = 10 + 0.13 \times 输料管长度$$

水压:一般应高于风压 10 N/m² 以上。水灰比:0.4~0.5。喷射方向与受喷面的夹角:喷嘴一般应垂直于岩面,并稍微向刚喷射的部位倾斜。

喷嘴与受喷面的距离:一般为 0.5~1.0 m。在垂直于岩面的情况下进行喷射作业时,一次喷射的厚度为 40~60 mm,分层完成喷混凝土作业。在使用普通硅酸盐水泥、掺速凝剂时,分层间歇时间一般为 15~30 min。

喷射顺序:可由下而上,以防止混凝土因自重下坠而产生裂缝或脱落。

喷射厚度的控制:采用标桩法,利用锚杆或速凝砂浆将铁钉固定在岩面上,铁钉长度比设计厚度大 1 cm,每平方米固定 1~2 个。钢筋网架立筋亦可作为标桩。

(3)养护。

喷射混凝土养护:一般情况下,喷射混凝土终凝后 2 h,应开始喷水养护;养护时间一般工程不得少于 7 d,重要工程不得少于 14 d;气温低于+5 ℃时,不得喷水养护;每昼夜喷水养护的次数,以经常保持喷射混凝土表面具有足够的潮湿状态为度。

10.1.3　输水洞支护技术

10.1.3.1　输水洞管棚支护技术

隧洞进口段围岩为Ⅳ类,需加强超前支护。其中,进口渐变段设 φ108 mm 超前注浆管棚 15 根,长 15 m,环向中心点间距508 mm。进口渐变段(0+022~0+034)12 m 范围内布设 I18 钢拱架,间距 1 m。根据施工图纸,进口渐变段设计有超前支护措施,主要工程量包括:φ108 mm 超前注浆管棚 225 m,I28 钢拱架安装 260 m。

1. 技术要求

(1)钢管规格:φ108 mm×6 mm 无缝钢管。

(2)进口渐变段管棚共计 15 根,钢管环向间距 508 mm,单根长度 15 m,纵向搭接长度 3 m。

(3)管棚分段安装,每段长 4~6 m,两段之间丝扣连接。

(4)导管上钻 15 mm 注浆孔,孔间距 20 cm,呈梅花形布置,导管尾部留有不钻孔的止浆段 2.5 m。

(5)注浆材料:采用 M20 水泥砂浆,注浆压力初压按 0.5~1 MPa,终压 2.0 MPa,当注浆终压达到 2.0 MPa 而注浆不进时,再稳压 3~5 min 方可结束灌浆,注浆压力根据现场实际情况进行调整。

(6)套拱中与管棚配合使用的钢架采用三榀 I18 型钢钢拱架,间距 80 cm。

2. 工艺流程

超前注浆管棚施工工艺流程图见图 10-4。

3. 测定孔位

用全站仪精确测定开挖轮廓线。

4. 导向墙及导向管施工

用液压凿岩机沿开挖轮廓线在外侧凿出一道深 90 cm、宽 50 cm 的沟槽。用 I18 工字钢加工三榀钢拱架,并连接在一起,按照设计要求管棚位置、间距及角度,在已加工成型的工字钢钢拱架上钻孔,穿入直径 137 mm 的导向管,并把导向管牢固地焊接在钢拱架上。加工成型的钢拱架运至现场后安装和固定在沟槽内,暂时封堵导向管管口,立外模板,并浇筑导向墙混凝土。

5. 管棚加工

管棚导管单根长 15 m,管壁加工间距为 20 cm×20 cm 的 φ15 mm 注浆孔,梅花形布置,以利于浆液通过管壁孔扩散到地层中。安装导管时应保证相邻两孔丝扣连接处相互错开，同一横断面内的接头数量不大于 50%，相邻接头至少错开 1 m。管棚导管如图 10-10 所示。

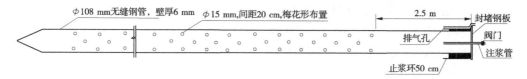

图 10-10　管棚导管

6. 钻机就位

钻机就位处的岩层应坚硬，确保在钻进过程中，钻机不发生倾斜或滑动。钻机的底座应用水平尺或水准仪将其调平。钻臂的仰角与设计仰角相同。

7. 钻孔

将钻头对准导向管管口，慢慢开动钻机，注意钻孔应平直，孔底偏差距离小于钻孔的半径。用螺旋钻杆配三翼钻头，干式钻进成孔。钻头直径 130 mm；钻孔平面误差不大于 50 mm；钻进过程中应及时校正钻孔方向，保证与设计方向相同。

8. 清孔

钻孔结束后，应用高压水冲洗钻孔，直到回水清澈。

9. 钻孔验收

清孔结束时及时通知监理工程师验收，验收合格后方可进行下道工序施工。

10. 管棚顶入、安装止浆塞

将加工好的直径 108 mm、长 15 m 无缝钢管采用钻机顶进钻好的孔内，钻完一个孔后立即将该孔的导管顶入孔内，安装好导管后，再移开钻机进行下一孔的钻进。

止浆环用锚固剂封堵，封堵长度 50 cm，保证止浆效果。

11. 管口封闭

管棚封闭：在导管孔口端焊一带眼的钢板，然后将 ϕ 25 mm 的注浆管与该钢板相焊，外露 20 cm，然后安装一阀门，当出现堵管时，可打开阀门用高压水冲洗管道。

钻孔封闭：用锚固剂封堵导管与导向管之间的空隙，封堵长度不短于 50 cm，在上壁安装塑料软管排气孔，排气孔伸入洞内 1 m，伸出洞外 0.3 m，以便于封堵。

12. 注浆

注浆材料：M20 水泥砂浆，采用 P·O42.5 普通硅酸盐水泥、中砂拌制，水灰比为 0.45。水泥砂浆液搅拌在强制式灰浆搅拌机内进行，根据灰浆搅拌机容量大小，按设计要求的水泥砂浆强度等级和试验配合比事先计算好每次的投料需用量进行配料；在放水的同时，将外加剂一并加入搅拌，待水量加足后，继续搅拌 1 min，并将水泥投入，搅拌时间不小于 3 min，待水泥小团全部溶解成均匀的浆液时，放浆至储浆斗内，其间需经过滤网的进一步过滤，保证浆液在使用过程中不堵塞注浆管和管壁上的注浆孔，且配制的浆液需在规定时间内用完。

注浆顺序：从拱顶对称向下进行。如遇串浆或跑浆，则间隔一孔或数孔灌注。

注浆压力：初压可按 0.5~1.0 MPa，终压 2.0 MPa，当注浆终压达到 2.0 MPa 而注浆不进时，再稳压 3~5 min 方可结束灌浆，注浆压力可根据现场实际情况进行调整。

10.1.3.2　输水洞钢拱架支护技术

1. 技术要求

（1）加工允许误差：沿隧洞周边轮廓允许误差不大于 3 cm，平面翘曲小于±2 cm，接头连接要求同类之间可以互换。

（2）工字钢拱架连接盘采用 20 mm 厚钢板，使用 M20 螺栓连接。

（3）钢拱架设计间距 100 cm 一榀，安装误差为±50 mm。

（4）钢拱架间设 Φ 25 纵向连接筋，分别沿环向每隔 100 cm 设一根，梅花形交替设置，并与钢拱架连接牢靠，焊缝高度 10 mm。

2. 施工工艺流程

输水洞采用全断面法开挖，整个断面一次性开挖成型，每次进尺约 2 m，开挖完成随即进行钢拱架支护。

钢拱架施工工艺流程为：测量→开挖→钢拱架加工质量检验→安装钢拱架→隐蔽工程检查验收→喷射混凝土。

3. 施工要点

（1）钢拱架在钢筋加工棚进行加工，加工前先按 1∶1 的比例进行放样。

（2）钢拱架分节段制作，每节段长度根据设计尺寸或开挖方法确定，长度不宜大于 5 m。每节段应编号，注明安装位置，型钢钢架采用冷弯法制作成型。

（3）钢拱架接头钢板厚度及螺栓规格满足设计要求；接头钢板螺栓孔采用机械钻孔，孔口采用砂轮机清除毛刺和钢渣，要求每榀之间可以互换，严禁采用气割冲孔。

（4）钢拱架加工尺寸应符合设计要求，其形状与开挖断面相适应。

（5）不同规格的首榀钢拱架加工完成后，应放在平地上试拼，拼装允许误差满足设计要求后，方可批量生产。

（6）钢拱架安装前应检查开挖断面的轮廓、中线及高程。

（7）钢拱架安装应确保两侧拱脚必须放在牢固的基础上。安装前应将底脚处的虚渣及其他杂物彻底清除干净；脚底超挖、拱脚标高不足时，应用混凝土垫块填充。钢拱架需埋入地坪以下不小于 30 cm。为保证二次衬砌混凝土空间，顶拱宜预留 3~5 cm 下沉量，边墙宜预留 3~5 cm 收敛，同时应紧贴围岩。对于钢拱架外围小于 15 cm 的间隙，选用坚硬毛石搂紧，如有较大掉块超挖空腔，安装后，连同外围空腔一起用毛石混凝土回填。

（8）当拱脚处围岩承载力不足时，应向围岩方向加设钢垫板、垫梁或浇筑强度不低于 C20 的混凝土以加大拱脚接触面积。

（9）钢拱架立起后，根据中线、水平将其校正到正确位置，然后用定位筋固定，并用纵向连接筋将其和相邻钢架连接牢固。钢拱架安装时应垂直于隧道中线，竖向不倾斜、平面不错位，不扭曲。

（10）钢拱架应严格按设计架设，间距必须符合设计要求，钢拱架安装位置用红色油漆标注，并编写节段号码。

（11）架设钢拱架时要安排测量人员全程监测，控制拱顶高程、水平距离最大跨宽度和倾斜度,不符合要求时及时调整,确保拱架施工各项指标符合技术规范要求。

10.1.3.3　输水洞锚喷支护技术

1. 锚杆施工

1)材料

(1)锚杆:锚杆材料应按施工图纸的要求选用 ϕ 25(Ⅲ级),长度分别为 3.0 m、4.5 m、9 m 的螺纹钢筋。

(2)水泥:注浆锚杆水泥砂浆应采用 P·O42.5 水泥。

(3)砂:采用最大粒径不大于 2.5 mm 的中细砂,使用前应过筛,严防石块和杂物等混入。

(4)水泥砂浆:强度不低于 M30,水泥和砂的配合比为 1∶1~1∶1.5,水灰比为 0.38~0.45,顶拱可采用水泥卷式锚固剂锚杆。

2)锚杆孔的钻孔

根据施工图纸要求,边坡支护锚杆(ϕ 25 mm,长度 4.5 m,外露 0.1 m)间排距 2.5 m,梅花形布置;进、出口洞脸支护锚杆分为锁口锚杆和系统锚杆,锁口锚杆(ϕ 25 mm,长度 9.0 m)间排距 1.0 m,系统锚杆(ϕ 25 mm,长度 9.0 m,外露 0.1 m)间排距 2.5 m,梅花形布置;进口渐变段支护锚杆分为锁脚锚杆和系统锚杆,锁脚锚杆(ϕ 25 mm,长度 4.5 m,入岩 4.0 m)间距 2.0 m,倾角 15.0°,双侧扣抱钢拱架,系统锚杆(ϕ 25 mm,长度 4.5 m,入岩 4.0 m)间距 2.0 m,排距 1.0 m,梅花形布置,双侧扣抱钢拱架;洞身段系统锚杆(ϕ 25 mm,长度 3.0 m,入岩 2.7 m)倾角 45.0°,排距 2.5 m,梅花形布置。由测量人员按施工图纸间距和排距的要求定出位置,岩石钻孔采用 YT28 型气腿式风钻凿孔,锚杆钻孔按以下要求进行施工:

(1)锚杆孔的开孔按施工图纸布置的钻孔位置进行放样施工,其开孔允许偏差为 100 mm。

(2)锚杆孔的孔轴方向满足施工图纸的要求,系统锚杆布置时应使锚杆与岩体主结构成较大角布置,当主结构面不明显时,可与轮廓线垂直布置。施工图纸未做规定时,其系统锚杆的孔轴方向垂直于轮廓线。设置局部锚杆时,其孔轴线方向应按最优锚固角布置。当受施工条件限制时,在不影响锚固效果的前提下可适当调整锚杆轴线方向。

(3)水泥砂浆锚杆的钻孔孔径大于锚杆直径 20 mm 以上。

(4)锚杆孔深度必须达到施工图纸的规定,超深不宜大于 100 mm。

(5)孔内岩粉和积水应洗吹干净。

3)锚杆的锚固和安装

在锚杆安装前,先进行测孔和清洗,对于不符合要求的孔,进行纠正处理后方可进行施工。此标段采用先注浆后插杆的施工方法,锚杆孔注满砂浆后应及时插入锚杆体。杆体插入孔内的长度应符合设计要求,插入困难时可利用机械顶推。砂浆锚杆安装完成后,孔口需用铁楔固定并封闭孔口,以免锚杆松动,在砂浆强度达到设计要求之前,不得敲击、碰撞或牵拉锚杆。同钢筋网连接的锚杆,孔口处必须固定牢固。

4)锚杆的注浆

采用风动压气罐进行压注,注浆压力控制在 1~1.2 MPa。注浆时先将砂浆装入罐内,将输料软管与罐底的铁管连上,然后打开进气阀,使压缩空气进入罐内,砂浆即沿软管和注浆管压入钻孔内。注浆管应插至孔底,然后退出 50~100 mm 开始注浆,注浆管随砂浆的注入缓慢匀速拔出,使孔内填满砂浆。注满砂浆的钻孔,用带孔橡皮球将孔口堵住,防止砂浆外流,如图 10-11 所示。钻孔内注满浆后立即将插杆从橡皮球孔内徐徐插入,以免将砂浆过量挤出,造成孔内砂浆不密实,影响锚固力。单根锚杆支护抗拔特征值不低于 110 kN。

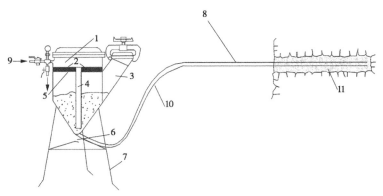

1—贮气间;2—气孔(ϕ 10 mm);3—装料口;4—风管;5—隔板;6—出料口;
7—支架;8—注浆管;9—进气口;10—输料软管;11—锚筋孔

图 10-11　锚筋孔注浆示意图

5)钢筋网施工

在锚杆施工完毕后进行钢筋网布设。钢筋网片在钢筋加工厂制作,用自卸汽车运输,人工配合机械运至工作面。按施工图纸的要求和监理人的指示,在指定部位安装,钢筋网间距为 200 mm×200 mm,钢筋采用 8 mm 的光面钢筋(Ⅰ级钢筋)。

安设钢筋网时,钢筋网随受喷面的起伏铺设,与受喷面的间隙 30~50 mm,并且与锚杆连接牢固,相邻铺设的钢筋网应搭接,搭接时纵横钢筋网应对应,搭接长度不小于 200 mm。钢筋网的保护层厚度不应小于 20 mm,对于输水洞不宜小于 50 mm,钢筋网固定在锚杆外端,可用钩头钉固于围岩上。

钢筋网施工工艺如图 10-12 所示。

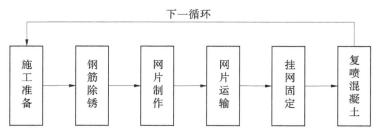

图 10-12　钢筋网施工工艺

2. 喷射混凝土施工

1）喷射作业前的准备工作

（1）喷射混凝土作业前，对喷射操作人员进行技术培训，考核合格后持证上岗。

（2）清除浮石、松动的岩石、岩粉、岩渣和其他堆积物。

（3）检查作业面尺寸，处理欠挖岩体。

（4）用高压水冲洗作业面，并对受污染的作业面进行清理。

（5）检查上一工序作业情况，做好受喷面的地质描述。

（6）需要工作平台作业时，应检查工作平台的牢固性。

（7）严重漏水、渗水地段，喷射作业之前应做好排水、治水工作。

（8）喷射作业前进行风水管路和电器设备的检查，对机械设备做试运行。

（9）喷射作业区安设充足的照明设备并具备良好的通风条件。

（10）在受喷面设置控制喷层厚度标志。

2）喷射混凝土施工

边坡喷混凝土采用移动式拌和机拌和，采用混凝土喷射机按干喷工艺分段分片依次进行，自下而上，分层施喷。

（1）原材料。

水泥：采用普通硅酸盐水泥，水泥强度等级为 42.5。

砂石料：采购满足设计要求的砂石料。细骨料细度模数大于 2.5，粗骨料应采用耐久的卵石或碎石，粒径不大于 15 mm。喷射混凝土的骨料级配满足表 10-4 的要求。

表 10-4　喷射混凝土用骨料通过各种筛径的累计质量百分数（%）

项目	骨料粒径							
	0.15	0.30	0.60	1.20	2.50	5.00	10.00	15.00
优	5~7	10~15	17~22	23~31	34~43	50~60	73~82	100
良	4~8	5~22	13~31	18~41	26~54	40~70	62~90	100

速凝剂：速凝剂的质量符合施工图纸要求并有生产厂的质量证明书，初凝时间不大于 5 min，终凝时间不应大于 10 min。

水：采用混凝土拌和用水。

（2）混凝土配合比。

施工配合比由实验室提供。一般情况下，水泥与骨料之比为 1∶4.0~1∶4.5，水泥用量 450~500 kg/m³，砂率为 50%~60%。水灰比为 0.4~0.5，速凝剂的掺量，顶拱 3%~4%、侧墙不超过 2%。拌制混合料时，称量（按质量计）的允许偏差应符合下列规定：水泥和速凝剂：±2%；砂、石均为±3%。

（3）工艺流程。

分供料、供水、供风三个系统，喷混凝土工艺流程如图 10-3 所示。

供料：石子和砂按配合比质量过秤，然后进入搅拌机中和水泥混合，拌匀后，将混合料倒入运料翻斗车运到作业面，在贮料槽中加入速凝剂并人工拌至均匀后，经皮带机进入喷射机中。

供水：采用施工供水系统，加设增压装置，管路送到喷头。

供风：由 12 m³/min 空压机送风进入风包，经汽水分离器后用风管进入喷射机。

3）施工工艺

（1）喷射作业分段、分片，按由下而上、先墙后拱顺序进行，每段长度为 5 m。

（2）喷射作业时，喷嘴要垂直受喷面做反复缓慢螺旋形运动，螺旋直径 20~30 cm，同时与受喷面保持一定的距离，一般取 0.6~1.0 m。若受喷面被钢筋网或格栅钢架覆盖，将喷头稍加倾斜，但不小于 70°，以保证混凝土喷射密实，保证钢支撑背面填满混凝土，黏结良好。

（3）喷混凝土分两次施喷完成，第一次喷射 5 cm 混凝土后，施作锚杆、格栅钢架，再复喷至设计厚度。后一层在前一层混凝土终凝后进行，终凝 1 h 后再喷射时，先用风水清洗喷层面。

（4）喷射作业分段、分片，按由下而上的顺序进行，分层喷射，边墙每层厚度按 3~4 cm 控制，拱部按 2.5~3 cm 控制，后一层在前一层混凝土终凝后进行，直至复喷到设计厚度。喷嘴与受喷面保持垂直，距受喷面 0.6~1.0 m，喷射机压力不小于 0.3 MPa。

（5）喷射混凝土作业紧跟开挖面，下次爆破距喷射混凝土作业完成时间的间隔不小于 4 h。

（6）严格执行喷射机操作规程：连续向喷射机供料；保持喷射机工作风压稳定；完成或因故中断喷射作业时，将喷射机和输料管内的积料清除干净。

（7）喷射混凝土的回弹率控制不大于 25%。

（8）喷射厚度的控制：采用标桩法，利用锚杆或速凝砂浆将铁钉固定在岩面上，铁钉长度比设计厚度大 1 cm，每平方米固定 2 个。

4）常见问题的处理

（1）岩面渗水快或滴水：采用凿孔置导管的方法，化分散为集中，由排水管集中将水导出。对于渗水慢或微弱滴水的岩面，直接喷混凝土。

（2）喷射料回弹：喷射混凝土的回弹率，一般拱部 20%~25%，两侧 10%~15%。回弹料作骨料会降低喷射混凝土的强度，不得重复利用。

5）养护

喷射混凝土终凝后 2 h，开始喷水养护；养护时间不少于 7 昼夜；气温低于 +5 ℃时，不得喷水养护；每昼夜喷水养护的次数，以经常保持喷射混凝土表面具有足够的潮湿状态为度。

6）喷射混凝土质量检查

（1）每批材料到达工地后，进行质量检查与验收。

（2）混合料的配合比及称量偏差，每班至少检查一次，条件变化时，及时检查。

（3）混合料搅拌的均匀性，每班至少检查两次。

（4）喷射混凝土必须做抗压强度试验，当设计有其他要求时，增做相应性能的试验。

（5）检查喷射混凝土抗压强度所需试块在工程施工中制取。试块数量,每喷射 50～100 m³ 混合料或小于 50 m³ 混合料的独立工程不得少于一组,每组试块三个;当材料或配合比变更时,另做一组。

（6）喷射混凝土抗压强度是指在一定规格的喷射混凝土板件上,切割制取边长为 100 mm 的立方体试块,在标准养护条件下养护 28 d,用标准试验方法测得的极限抗压强度乘以 0.95 的系数。

10.2　生态防护技术

10.2.1　导流洞生态防护技术

主要工序:施工前准备—清坡挂网—团粒喷播—养护管理。

10.2.1.1　水、电、土准备

因施工需要,现场已配备潜水泵,从汝河抽水到施工现场,水质最低符合农田灌溉用水标准,pH 值应在 6～8,经测定合格后使用。

电源采用洞挖施工电源,用配电箱分配使用,配电箱内必须安装合格的漏电保护器,随时关好电箱门。

土料采用开挖的土料,提前进行筛土工作,所用客土指黏土类土壤,应使用工程所在地区域的客土。宜选用非资源性黏土,尽量不使用耕作层土壤,选择深层土壤。去除土中大石块,保证土颗粒小于 1 cm,便于喷播施工。

10.2.1.2　清坡挂网

1. 清坡

人工清除表面松散块石及杂物,确保坡面平整,为铺平铁丝网打好基础。

2. 金属网铺设及固定

（1）铺网:金属网为 φ 2@5.5 mm×5.5 mm 镀锌铁丝网,金属网的搭接长度应大于 2 个网眼,即 11 cm 以上。

（2）钉网:利用电锤(或风机)钻孔,孔向与坡面垂直,锚固件呈梅花形布置。

（3）金属网面不得紧贴坡面,当坡面凹凸起伏较大时(含软岩),金属网应尽可能贴近坡面,需适当增加锚固密度;当坡面较平滑时,应使用垫块把金属网垫起,垫块厚度为 3～4 cm。

10.2.1.3　团粒喷播方案

（1）喷播人员安排:主喷枪手 1 人,副喷枪手 1 人,设备操作 1 人,叉车操作 1 人,上料 2 人。

（2）喷播前必须做团粒化反应试验,摊开度、坍落度等各项指标达到标准值后再进行喷播作业。

（3）喷播植物选择刺槐、火炬树、盐肤木、二色胡枝子、紫穗槐等植物合理搭配。

（4）严格按照材料的配合比及投料顺序投料，控制用水量及搅拌材料的时间，搅拌时间应大于 10 min。

（5）为了达到均匀的绿化效果，喷播厚度应尽可能均匀，并严格控制喷播基质厚度（平均 5~7 cm）。

（6）喷播后，90%的金属网应被覆盖，允许有 10% 左右的金属网露在喷播土壤层外。

10.2.1.4　养护管理

现场水源较近，采取水泵抽水的方式养护，其他养护注意事项参照《养护管理指导书》，主要有浇水、除草、病虫害防治。

1. 浇水

（1）浇水注意事项如下：

①水质要求。养护用水质最低应符合国家二级水标准，pH 值应在 6~8 变动范围，经测定合格后使用。

②作业时间。夏季地表温度在 35 ℃以上，气温在 28 ℃以上时中午禁止浇水，适宜作业时间为上午 11 时以前，下午 2 时以后。若水温低于 15 ℃同时无法有效提升水温，适宜作业时间为上午 9 时以前，下午 5 时以后。

（2）浇水作业方式如下：

①作业人员要掌握好枪头角度，严禁直对苗木喷射。往远处浇水应使水管与地面呈 45°，近处浇水应以高空洒落或用水控制出口，使水流发散雾化，不形成表面径流而冲刷坡面。

②对一个工作面作业，应重复喷洒几次完成，做到浇匀浇透。

③清晰掌握边坡四周及浇灌盲点，采取相应的方式，防止漏喷和边界处未匀未透。

水温控制：当测量水温低于 15 ℃时，应采取蓄水提温或更换水源等方式提升水温，防止冷水击苗现象发生。当水温低于 12 ℃时，原则上禁止使用。

2. 除草

杂草密度较大，超出苗木高度，严重影响树苗生长，破坏植被恢复时，予以清除。

人工清除杂草注意对已有苗木及培养基的保护，若杂草根系发育较好，采用人工剪除方式进行。清下来的杂草，有序移出坡面，不得使坡面杂乱无章。

3. 病虫害的防治

常见虫害分以下几种：根部（地下）害虫，如地老虎（小地老虎、大地老虎）；食叶害虫，如叶甲类、潜叶蛾类；嫩枝幼干害虫，如蚜虫类、蚧类等。

常见病害：白粉病、褐斑病、煤污病。

常选用的杀虫药物：敌杀死（地下害虫）、氯氰菊酯（食叶害虫）、吡虫啉（蚜虫）。

常选用的病害防治药物：多菌灵、三唑酮、百菌清。

喷洒药物必须均匀细致，禁止漏喷。喷洒结束后注意观察有效性，若无效须立即向主管汇报，采取相应措施予以纠正。

尽可能采用高效低毒药品，喷洒药物须佩戴防护面具，穿着防护工作服，避免药物中毒。中午前后禁止喷洒药物。

10.2.1.5　主要施工机械、材料

（1）主要施工机械及工具,如表 10-5 所示。

表 10-5　主要施工机械及工具

机械名称	型号规格	用途	数量	调拨方式
喷播机		喷播	1 台	公司调拨
叉车		上料	1 台	公司调拨
吊车	25 t	吊设备	1 台	现场雇用
挖掘机		堆土晾土	1 台	现场雇用

（2）主要材料如表 10-6 所示。

表 10-6　主要材料

序号	名　称	规格	数量	备注
1	金属网	2.0 mm 丝径,2.0 cm×24 cm	35 捆	以实际面积为准,1.1 损耗
2	铁锚固件	10 mm	1 800 个	

10.2.2　溢洪道生态防护技术

10.2.2.1　资源投入

1. 主要材料

（1）φ 12 螺纹钢筋、φ 6.5 圆钢。

（2）5 cm×7 cm 镀锌钩花铁丝网(铁丝直径一般为 2.2 mm)。

（3）木质支撑板(杨木等轻质木材、厚 1.5 cm、宽>5 cm)。

（4）土壤改良剂(保水剂及黏合剂)。

（5）复合肥料。

（6）草帘子或者无纺布。

（7）草种:黑麦草、狗芽根、紫穗槐、多花木兰、紫花苜蓿、黄花槐、波斯菊等适宜当地气候及土质的草种(具体品种可按照建管局指定)。

2. 施工所需机械

主要使用机械如下:液压泵送式客土湿喷机、12 m³ 空压机、水车、装载机、载重汽车、液压喷播机、小型升降机、开山钻、电焊机、钢筋切割机等,具体配置应根据不同时期的工作量和进度要求配置。

3. 施工组织机构一般组成

施工组织机构如表 10-7 所示。

表 10-7　施工组织机构

序号	职务/工种	数量(人)	备注
1	工程部长	1	主管现场一切事物
2	技术员	1	负责现场技术管理
3	安全员	1	负责现场安全管理
4	资料员	1	负责资料整理工作
5	电工	1	负责现场安全用电
6	作业组长	2	负责客土喷射操作
7	机械师	1	负责客土喷播机正常工作
8	钢筋工	4	负责锚杆加工、钻孔安装
9	草种配比师	1	负责植被种子选配
10	作业人员	5~10	根据施工强度调整

10.2.2.2　主要施工方法

根据当地气温、降雨量、坡比、岩石裂隙、岩石硬度、植物的选择及工地条件决定采用钩花镀锌铁丝网+植被基材喷附材料,以增大植被生长发育基础与坡体的连接性。由于喷播边坡进口 424.5 m 高程以上坡比为 1∶0.5、出口 379 m 高程以上边坡坡比为 1∶0.75,为保持客土植被基材形成整体形象前的稳定,还增加木质支撑板,防止植被基材滑塌、脱落。选择适合的草种和树种配合比,改善绿色植物的生长发育环境和促进目标树种生长的双重功能,以确保喷射效果和质量。客土喷播材料中包括植物种子、有机营养土、土壤改良剂、微生物菌剂、肥料等。客土喷播采用液压泵送式客土湿喷机。

10.2.2.3　施工工艺及流程

施工工艺流程图如图 10-13 所示。

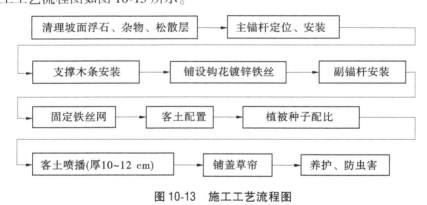

图 10-13　施工工艺流程图

1. 坡面清理施工

(1)清理岩面碎石、杂物、松散层等,使坡面基本保持平整,坡面的凸凹度平均为±10 cm,最大不超过±15 cm。

（2）对坡面残存植物根系，在不妨碍施工的情况下应尽量保留。

2. 主锚杆定位、安装

（1）锚杆分为支撑固定木条板的主锚杆和固定铁丝网的副锚杆 2 类。主锚杆采用长 40 cm φ 12 螺纹钢筋，按照 80~100 cm 间距布置。

（2）测量和放线，定位主锚杆位置。按照定位，采用风钻或者电锤在坡面上钻孔，主锚杆孔深应控制在 30~35 cm。

（3）用锤将主锚杆敲击进入岩体，外露在坡面的锚杆长度一般不得大于 10 cm。

3. 支撑木条安装

（1）选择木质一般的杨木（或松木等）提前加工成厚 1.5 cm、宽 5 cm 的板条（长度不限）。

（2）根据作业面主锚杆布局，分层安放支撑板，并用绑扎铁丝固定支撑板。

4. 铁丝网铺设

采用钩花镀锌棱形铁丝网，网孔规格一般为 5 cm×7 cm。挂网施工时采用自上而下放卷，并用细铁丝与主锚杆绑扎牢固。铁丝网随受喷面的起伏铺设，与受喷面间隙不小于 30 mm，横向搭接不小于 5 cm，纵向搭接不小于 20 cm，坡顶预留 100~200 cm 的锚固长度。

5. 铁丝网固定

在坡顶处，采用φ 22 的锚固筋对铁丝网进行锚固，锚杆长度为 1 m，间距 1 m，并用φ 12 的钢筋与锚固钢筋通长焊接，同时将铁丝网与φ 12 的钢筋绑扎牢固。坡脚应有不少于 200 mm 的铁丝网埋置在马道排水沟内。

在坡面铺好的铁丝网上，不规则布置副锚杆用于固定铁丝网，副锚杆为钩头形式，长 25 cm φ 6.5 的圆钢，6 根/m²。

由于溢洪道边坡开挖存在风化现象，在裂隙发育部位，在铺设好的铁丝网外，采用φ 8 镀锌钢筋焊接于 25 mm 的锚杆上（见图 10-14），以增加边坡的稳定性。

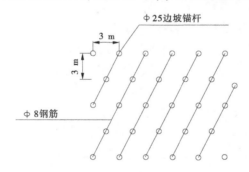

图 10-14　网外防护锚杆之间焊φ 8 钢筋示意图

6. 客土配置流程

客土配置流程如图 10-15 所示。

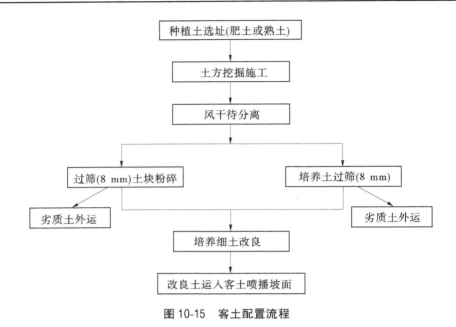

图 10-15　客土配置流程

7. 植被种子配比

1）生态护坡植物选择应遵循的原则

（1）灌木类种子不少于 50%，选植被最好是乡土类植物或与当地植被环境及已有植物种类一致，使之在施工后较短时间内融入当地自然环境。

（2）适应当地的气候、土壤条件（水分、pH 值等）。

（3）根系发达，生长迅速，抗逆性强（抗旱、抗寒、抗病虫害、耐贫瘠），多年生。

（4）种子易得，栽培管理粗放，成本低。

2）喷播植被种子配比

我国地域辽阔，南北气候差异十分明显，因此不同地区适应种植的植物也不同，常用的坡面植物群落类型包括森林型、草灌型、草本型和观赏型。对于不同区域草种或灌木种的选择，国内常按地理区域来划分。根据前坪水库在国内的地理位置，边坡应采用草灌型植被护坡，草灌混播有利于边坡的长期绿化与稳定，充分发挥两类植被的优势。早期草本植物能迅速覆盖边坡，避免水土流失，为灌木的生长提供温度湿度环境；灌木根系发达，是稳定群落的重要物种，生长稳定后可避免植被的退化。

草灌植被种子配比（1 m³）：黑麦草（70 g）+狗芽根（30 g）+紫花苜蓿（70 g）+多花木兰（70 g）+紫穗槐（60 g）+黄花槐（60 g）+波斯菊（20 g）（种子配比可按上级建设主管单位指定进行配置）。

主要草种的基本特性：

（1）多年生黑麦草。须根系发达，耐贫瘠，有一定的耐践踏性，适应的土壤范围广，而耐热和耐干旱性均较差。

（2）狗芽根。极耐酷暑、干旱。不耐遮荫，耐寒性差。

（3）紫花苜蓿。喜温暖半干旱气候，高温对其生长不利。抗寒性强，有雪覆盖时耐

−40 ℃低温,抗旱能力强。

(4)多花木兰。适应性广,抗逆性强,耐热、耐干旱、耐瘠薄,较耐寒,再生性强,冬季以休眠状态越冬,并抗病虫害。

(5)紫穗槐。耐贫瘠,耐干旱,根系展性固土能力强,发芽生长稳定,可靠性强,稍耐阴,耐热,易于草本植物混播共生,在陡坡,石质山地能正常生长,初期生长较缓。

(6)黄花槐。种子播后出苗快,当年播种,当年开花结果,耐干旱,且耐酸碱、贫瘠的土地,土壤 pH 值为 5~9 的条件下均能生长良好,对水肥无特殊要求。根系发达,保土蓄水能力强,可防止水土流失,遏制植被破坏。性耐寒,−10 ℃左右无冻害,抗病害能力强,几乎无病虫害,生长量大,生长势强。

(7)波斯菊。对土壤要求不严,耐瘠薄土壤,但不能积水,不耐寒,忌酷热。

8. 客土喷播

1)客土喷播机选型

客土喷播采用 KP-25SR 型客土湿喷机。

2)客土拌制

使用当地壤土,选择工程地原有的地表种植土粉碎风干过 8 mm 筛。在过筛后的客土中加入复合肥不少于 $0.5 \ kg/m^3$、磷肥不少于 $0.4 \ kg/m^3$、有机肥不少于 $0.4 \ kg/m^3$、黏合剂不少于 $0.2 \ kg/m^3$、保水剂 $0.2 \ kg/m^3$。

土壤改良材料(15%~25%),主要是植物纤维、有机肥、膨胀物辅助材料。目的是增加土壤肥力的保持水能力和渗透性,增加土壤的缓冲力、微生物活性养分的供应。

采用 PGS-20 筛土拌和机将过筛客土、配比后草种、纤维、有机肥、黏合剂、保水剂等基料按比例进行充分搅拌均匀待喷播。

3)客土喷播

搅拌均匀待喷播客土料,采用 KP-25SR 型客土湿喷机进行喷播。喷播施工时,喷附应自上而下对坡面进行喷播,并尽可能保证喷出口与坡面垂直,距离保持在 0.8~1 m,一次喷附宽度 4~5 m。

喷附厚度不小于 10 cm,由于采用湿喷法,基质水分丧失会造成基质厚度损失,要求喷播厚度为设计厚度的 125%,所以现场施工按照 12~13 cm 控制。将准确称量配比好的基材与植被种子充分搅拌混合后,通过喷射机喷射到所需防护的工程坡面,并保持喷附面薄厚均匀。事先准备好检测尺,施工者经常对喷附厚度进行控制、检查。

9. 覆盖

喷播完成,待喷播料略微定型后,应及时覆盖草帘子或者无纺布,达到保墒的同时,防止雨水冲刷、播料流失。

10. 养护管理

在每级边坡坡顶设置纵向自动喷水管路,喷头高 1 m,间隔 8.5 m 每天定期喷水养护,保持土壤湿润,防止喷水过多形成喷水细流,带走喷播料。根据植被的发芽率,如果不满足要求,应及时进行补种。在喷水养护的同时,还应及时清除杂草、防治病虫害。

10.2.2.4　质量验收标准

1. 验收标准

1）材料检验和验收

施工前，由监理工程师对拟使用的材料，检查其品牌、尺寸、规格和型号是否与监理代表处和业主批准的施工技术方案上要求相符，特别是草种和基质材料必须满足业主的统一要求。

2）锚杆和支撑板、挂网检查验收

锚杆规格和长度必须在实施前由监理工程师逐一检查验收。锚杆深度、间距应符合要求，挂网连接应牢固，支撑板应牢固。

3）厚度检查和验收

喷播厚度应达到最小厚度 10 cm，表面均匀。

2. 灌、草种植验收标准

1）种植材料、种植土和肥料等

均应在种植前由施工人员按其规格、质量分批进行验收，并报监理工程师备案。

2）验收

验收在种植施工完成 6 个月后进行。

3）验收主要内容

（1）成活率指标。植被存活率不少于 98%。

（2）采取全检或抽检方法，进行验收。抽样的数量应占各项量化数据总数的 5% 以上，均匀布点。

第 11 章　结论及创新点

11.1　爆破试验技术研究

　　结合前坪水库工程进行的爆破试验研究首次得出了适用于安山玢岩爆破开挖的一系列技术参数,叙述如下。

11.1.1　安山玢岩深孔台阶爆破技术

　　导流洞明挖:深孔台阶爆破采用潜孔钻钻孔,每层台阶高度 3.5~10 m,或以设计施工图的边坡台阶高度为一个爆破开挖高度形成爆破区域。主爆孔采用梅花形布孔,沿开口线上布置一排预裂孔,预裂孔与主爆孔之间布置一排缓冲爆破孔。采用缓冲爆破技术,能减缓主爆孔爆破对预裂面保留岩体的损伤。炸药采用 2# 岩石硝铵炸药或 2# 岩石乳化炸药,药卷直径因炮孔类型不同而不同,主爆孔药卷直径为 90 mm,缓冲孔药卷直径为 52 mm,预裂孔药卷直径为 32 mm。炸药单耗值的确定是影响爆破效果的重要因素。采用不同炸药单耗值进行爆破(分别取 q 为 0.34 kg/m³、0.38 kg/m³、0.42 kg/m³),以观察爆破效果,最终选定炸药单耗值,从而确定最优爆破参数。炸药单耗值取 0.38 kg/m³。布孔参数为:主爆区药卷直径 90 mm,炮孔间距 3.6 m,排距 3.2 m,抵抗线长 3.6 m;缓冲孔药卷直径为 52 mm,炮孔间距 2.5 m;预裂孔药卷直径为 32 mm,间距 1 m,线装药密度为 450 g/m。

　　泄洪洞明挖:炸药单耗值取 0.4 kg/m³。布孔参数为:主爆区炮孔直径 100 mm,炮孔间距 3.0 m,排距 3.0 m;缓冲孔炮孔直径 100 mm,药卷直径 52 mm,炮孔间距 2.5 m,排距 2.0 m;预裂孔直径 100 mm,药卷直径 32 mm,间距 0.8 m,线装药密度为 400 g/m。

11.1.2　安山玢岩光面爆破技术研究

　　导流洞上断面:爆破试验为上断面开挖爆破试验。开挖断面宽度 B = 8.6 m(其他断面时可对以后的参数略有变动),上层洞高 5.8 m,其中圆弧段拱高 2.6 m,直墙段墙高 3.2 m。采用 YT28 气腿式风钻机,钻孔直径 D = 40 mm,掏槽孔与工作面夹角 θ_c = 67°。除掏槽孔外,所有炮孔均基本垂直于掌子面,水平钻孔。周边光炮孔采用药卷直径为 23 mm 的 2# 岩石乳化炸药。起爆网络雷管采用非电毫秒延期雷管和导爆索组成非电起爆网络,所有爆孔堵塞材料均采用半干黄土或就近采用岩粉堵塞。导流洞上断面共布设掏槽孔 32 个,辅助孔 22 个,崩落孔 16 个,底孔 13 个,光爆孔 37 个。

　　推荐爆破炸药单耗值 1.44 kg/m³。布孔参数:掏槽孔炮孔深度 3.5 m,炮孔直径 40 mm,炮孔间距 50 cm;辅助孔炮孔深度 2.8 m,炮孔直径 40 mm,炮孔间距 80 cm;崩落孔炮孔深度 2.8 m,炮孔直径 40 mm,炮孔间距 100 cm;底孔炮孔深度 2.8 m,炮孔直径 40 mm,

炮孔间距 70 cm；光爆孔炮孔深度 2.8 m，炮孔直径 40 mm，炮孔间距 50 cm。装药参数：掏槽孔线装药密度 0.91 kg/m，装药系数 0.85，单孔装药 2.71 kg/孔，堵塞长度 0.52 m，总装药量 86.63 kg；辅助孔线装药密度 0.91 kg/m，装药系数 0.75，单孔装药 1.91 kg/孔，堵塞长度 0.7 m，总装药量 42.04 kg；崩落孔线装药密度 0.91 kg/m，装药系数 0.7，单孔装药 1.78 kg/孔，堵塞长度 0.84 m，总装药量 28.54 kg；底孔线装药密度 0.91 kg/m，装药系数 0.78，单孔装药 1.99 kg/孔，堵塞长度 0.6 m，总装药量 25.84 kg；光爆孔线装药密度 0.48 kg/m，装药系数 0.82，单孔装药 1.10 kg/孔，堵塞长度 0.5 m，总装药量 40.78 kg。

导流洞下断面：下台阶开挖爆破试验区。开挖断面宽度 B = 8.6 m（其他断面时可对以后的参数略有变动），下台阶开挖高度 5.6 m 左右。采用 YT2 气腿式风钻机，钻孔直径 D = 40 mm，水平钻孔垂直于工作面。崩落孔及底板孔采用 2# 岩石粉状乳化炸药，药卷直径 d = 32 mm。周边光炮孔炸药采用小直径 2# 岩石乳化炸药，药卷直径为 22 mm。起爆网络雷管采用非电毫秒延期雷管和导爆索组成非电起爆网络，所有爆孔堵塞材料均采用半干黄土或就近采用岩粉堵塞。推荐采用爆破炸药单耗值 0.54 kg/m³。布孔参数：崩落孔炮孔深度 3.5 m，炮孔直径 40 mm，炮孔间距 105 cm；底孔炮孔深度 3.5 m，炮孔直径 40 mm，炮孔间距 70 cm；光爆孔炮孔深度 3.5 m，炮孔直径 40 mm，炮孔间距 50 cm。装药参数：崩落孔线装药密度 0.91 kg/m，装药系数 0.7，单孔装药 2.23 kg/孔，堵塞长度 1.05 m，总装药量 62.42 kg；底孔线装药密度 0.91 kg/m，装药系数 0.78，单孔装药 2.48 kg/孔，堵塞长度 0.77 m，总装药量 32.30 kg；光爆孔线装药密度 0.48 kg/m，装药系数 0.82，单孔装药 1.38 kg/孔，堵塞长度 0.63 m，总装药量 24.80 kg。

泄洪洞上断面：泄洪洞上断面开挖爆破试验，开挖断面宽度 B = 9.6 m（其他断面时可对以后的参数略有变动）上层洞高 6.8 m，其中圆弧段拱高 2.65 m，直墙段墙高 4.15 m。

采用手风钻钻平孔装药爆破，钻孔直径 D = 40 mm，掏槽形式采用楔形掏槽线装药密度 0.91 kg/m、二层掏槽孔线装药密度 0.91 kg/m、外围掏槽孔线装药密度 0.91 kg/m、扩大孔线装药密度 0.91 kg/m、崩落孔线装药密度 0.91 kg/m、光爆孔线装药密度 0.48 kg/m、底板孔线装药密度 0.91 kg/m。布孔参数：掏槽孔炮孔深度 2.4 m，炮孔直径 40 mm，炮孔间距 60 cm，单孔装药量 1.86 kg；二层掏槽孔炮孔深度 3.8 m，炮孔直径 40 mm，炮孔间距 60 cm，单孔装药量 2.94 kg；外围掏槽孔炮孔深度 3.6 m，炮孔直径 40 mm，炮孔间距 60 cm，单孔装药量 2.78 kg；扩大孔炮孔深度 3.5 m，炮孔直径 40 mm，炮孔间距 80 cm，单孔装药量 2.39 kg；崩落孔炮孔深度 3.5 m，炮孔直径 40 mm，炮孔间距 100 cm，单孔装药量 2.23 kg；光爆孔炮孔深度 3.5 m，炮孔直径 40 mm，炮孔间距 50 cm，单孔装药量 1.38 kg；底板孔炮孔深度 3.5 m，炮孔直径 40 mm，炮孔间距 80 cm，单孔装药量 2.48 kg。

11.1.3　安山玢岩预裂爆破技术研究

溢洪道石方开挖：试验对比了主爆区不同布孔参数（3.5 m×3.5 m、4 m×3.5 m）和不同炸药单耗值（0.29 kg/m³、0.22 kg/m³）及边壁预裂孔不同预裂孔孔距（1.2 m、1.1 m、0.95 m、0.85 m）几种布孔参数，得出在岩性较硬的部位可采用较小的间排距（3.5 m），在岩性较弱的部位采用较大的间排距（4.0 m），这样满足上坝料大于 600 mm 试块含量为

0.3%。在液压破碎锤的配合下,能够很好地保证渣料粒径不超过 600 mm 的要求,同时也能节省投资。从预裂爆破后呈现的预裂面,可以得出如下结论,高边坡开挖面爆破孔距应控制在 85 cm 左右,残孔率可达 95% 以上。

11.2　全断面无保护层挤压爆破与修路保通施工方法

隧道下层台阶全断面无保护层挤压爆破与修路保通的施工方法(本方法已获得国家发明专利授权)是河南省前坪水库安山玢岩爆破开挖技术中的独特创新点,为加快下层断面施工进度,减少拉中槽手风钻刷边清底二次扩挖的施工程序和解决上层断面台阶通行道路的矛盾,在下层断面台阶的施工中采用全断面底板无保护层挤压爆破的方法进行爆破作业施工,即采用潜孔钻钻竖向孔,两边墙采用光面爆破,底板采用加装复合反射聚能与缓冲消能装置的无保护层爆破和主爆孔挤压爆破三种控制爆破的组合,实现下层断面全断面一次爆破成型的快速施工要求,并在爆渣堆上修斜坡道路,作为上层断面的交通通道。下层断面采用潜孔钻钻孔,孔径较大,机械化程度高,施工速度快,可以较大方量爆破,掘进进尺长度大,同时采用挤压爆破可以在竖向临空面前有压渣的情况钻孔爆破,一直持续向前进行,连续作业。大量的爆破堆渣为修斜坡提供了便利条件。

此项技术主要包括以下三个步骤(见图 11-1):①把隧洞分为上下两层台阶法开挖。②上层台阶开挖 60~80 m 后,保持此间距进行下层台阶全断面无保护层挤压爆破,采用主爆孔微差挤压爆破和建基面底板加装复合反射聚能与缓冲消能装置的无保护层爆破以及两侧边墙的预裂爆破的组合爆破方法,形成下层台阶全断面一次爆破成型。③在挤压爆破的爆渣堆上修筑斜坡道路,并保持 12~24 m 间距随着挤压爆破开挖向前方改道推移。该方法可以同时进行钻孔爆破作业及斜坡道路保通运行,实现了狭窄隧道空间的上层和下层台阶同时进行平行施工,大大地加快了施工进度。

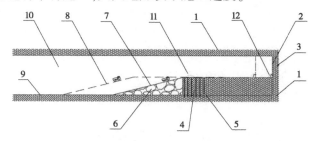

1—隧洞围岩;2—掌子面;3—上层台阶待开挖区;4—下层台阶挤压爆破开挖区;5—主爆孔;
6—挤压爆破的堆渣;7—现有斜坡路;8—改道平移前的斜坡路;9—建基面底板;10—隧洞;
11—潜孔钻机;12—手风钻钻水平孔

图 11-1　泄洪洞隧洞下断面无保护层挤压爆破与修路保通施工方法示意图

前坪水库泄洪洞下断面采用这种爆破方法,主爆孔采用挤压爆破技术,解决爆区前面有压渣无竖向临空面,补偿空间小的问题。合理加大主爆孔孔网布置密度,减小炮孔密集系数,克服炸药能量消耗大,进行炸药能量补偿。在不清理前面爆渣的情况下,可以使下断面爆破持续向前进行。主爆孔采用 V 形起爆方式,给光面爆破提供一定的爆破补偿空间,减少对岩壁的冲击损害。方案如图 11-2 所示,合理爆破参数为,主爆孔炮孔直径 100

mm、孔距2.5 m、排距2.1 m、钻孔倾角90°、孔深5.7 m、超深0.5 m、炸药单耗值0.43 kg/m³、单孔装药量15.1 kg,柔性垫层厚度0.25 m;预裂孔炮孔直径85 mm、孔距1.0 m、钻孔倾角87°、孔深6 m、超深0.5 m、线装药密度0.8 kg/m,单孔装药量6.16 kg。

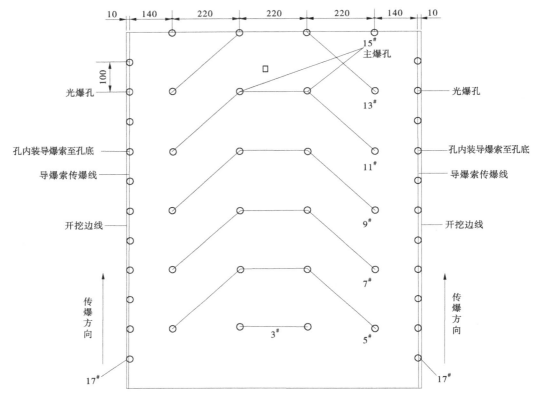

图 11-2　泄洪洞下断面无保护层挤压起爆网络示意图　(单位:cm)

泄洪洞全断面无保护层挤压爆破开挖工艺与传统工艺对比,具有施工效率高、机械化程度高、设备闲置时间短、施工组织和洞内交通更便利等优点。与传统方法相比,钻孔工序消耗量减少,节约了开挖时间、设备台时费及闲置费,降低了综合施工成本,取得较好的综合效益。

11.3　爆破技术数值模拟分析

结合前坪水库安山玢岩爆破试验方法、过程、结论等,创新性提出采用有限单元法分析软件 ANSYS 中的动力分析模块 LS-DYNA 对前坪水库导流洞上下断面、泄洪洞上下断面和溢洪道岩石爆破等试验进行了全过程的三维建模数值仿真分析,岩石和乳化炸药实体单元均采用 Solid164 三维实体单元,岩石采用 * MAT_PLASTIC_KINEMATIC 模型,乳化炸药采用 * MAT_HIGH_EXPLOSIVE_BURN 和状态方程 * EOS_JWL 来模拟,全过程动态数值模拟安山玢岩爆破开挖过程,合理调整模型参数可以使动力分析结果与现场试验吻合较好,证明了我们提出的三维建模方法的可行性和有效性。在计算过程中可以通过调整模型中的岩石力学参数,来模拟不同岩性的爆破开挖过程,本报告提出的数值建模计算仿真方法具有通用性,对同类水工隧洞爆破开挖具有一定的参考依据。

11.4 三维数值模型爆破振动预测技术研究

通过三维数值建模计算爆破对周围建筑物的振动影响,并对比输水洞明挖爆破的爆破振动观测数据,结果表明爆破方案对周围建筑物的振动影响是在安全范围之内的,数值模型计算结果和振动监测结果比较接近,三维数值模型可以准确预测振动传播过程。

11.5 安山玢岩建基面无保护层爆破开挖技术研究

提出了安山玢岩建基面保护层一次开挖的施工方法,采用了聚能罩加孔底柔性垫层保护措施,通过试验总结出适宜的爆破参数:在爆破孔间排距 2 m×1 m 的情况下,爆破孔底高程超钻 20 cm 控制,在岩石特性和炸药单耗量确定的情况下,通过控制爆破孔孔间排距和超钻深度,使用锥形或环形炸药聚能方式,结合柔性垫层措施,能够实现建基面保护层 1 次爆破开挖的目的,满足建基面质量要求,解决了常规模式下建基面开挖 2~3 次完成和耗时、耗工的难题,节省了人力、物力、财力,提高了施工效率,保证了施工质量,也可为同岩性条件下建基面爆破施工提供技术参考。

11.6 创新开发简易潜孔钻机支架稳定装置

结合工程特点本报告对预裂孔简易潜孔钻支架进行了改进,提出了新型的潜孔钻机支架稳定装置。改进后的支架便于移动、钻孔操作方便,由于增加了前支腿和配重,简易潜孔钻能够起到稳钻机、减少钻机晃动的作用,确保钻机的精度。现场实践表明,简易潜孔钻机能够适用于现场崎岖不平或者钻机移动较远、较困难的环境,且具有施工效率高、设备闲置时间短、钻孔稳定性强等优点。有效地降低了施工成本,提高了凿岩爆破的功效,提高了钻孔精度。

参 考 文 献

[1] 历从实,皇甫泽华,彭光华,等. 前坪水库溢洪道控制段基础处理研究[J]. 水利发电学报,2018,10：1-11.

[2] 刘汉东,彭冰,王四巍,等. 前坪水库溢洪道高边坡设计方案优化研究[J]. 华北水利水电大学学报（自然科学版）,2017,2(1):47-51.

[3] 李鹏. 前坪水库石方爆破开挖技术研究[D]. 郑州:华北水利水电大学,2018.

[4] Dyskin A V. On the Role of Stress Fluctuations in Brittle Fracture[J]. International Journal of Fracture, 1999, 100(1)：29-53.

[5] Langfors U, Kihlstroam B. The Modern Technique of Rock Blasting[M]. New York：John Wiley and Sons Incorporation, 1963.

[6] Mosinets V N. Mechanism of Rock Breaking by Blasting in Relation to Its Fracturing and Elastic Constants [J]. Journal of Mining Science, 1966, 2(5)：492-499.

[7] Brinkmann J R. An Experimental Study of the Effects of Shock and Gas Penetration in Blasting[C]. Proceedings of the Third International Symposium on Rock Fragmentation by Blasting, 1990：55-66.

[8] Olsson M, Nie S, Bergqvist I, et al. What Causes Cracks in Rock Blasting[J]. Fragblast, 2002, 6(2)：221-233.

[9] Kutter H K, Fairhurst C. On the Fracture Process in Blasting[J]. International Journal of Rock Mechanics and Mining Sciences and Geomechanics Abstracts. 1971, 8(3)：181-202.

[10] Kippe M E,Grady D E. Numerical Studies of Rock Framentation[R]. Sandia National Laboratories, Albuquerque NM. SAND79-1852,1978.

[11] Grady D E,Kipp M E. Continum Modeling of Explosive Fracture in Ooil Shale[J]. International Journal of Rock Mechanics and Mining Sciences Geomech Abstr, 1980 (17)：147-157.

[12] Grady D E. The Mechanics of Fracture under Huge-rate Stress Loading[C]// Bazant Z P,ed. Preprints of the William Prager Symposium on Mechanics of Geomaterials Rocks Concretes and Soils. Northwestern University Evanstan IL,1983.

[13] Taylor L M,Chen E P,Kuszmaul J S. Microcrack-induced Damage Accumulation in Brittle Rock under Dynamic Loading[J]. Computer Method in Appiled Mechanics and Engineering,1986, 55(3)：301-320.

[14] Budiansky B,O'Connel R J. Elastic Moduli of a Cracked Solid[J]. International Journal of Solids and Structures,1976,12：81-97.

[15] Kuszmaul J S. A New Constitutive Model for Fragmentation of Rock under Dynamic Loading[C]. Proceedings of the 2nd International Symposium on Rock Fragmentation by Blasting. Columbia, USA：1987：412-423.

[16] READ R S. 20 Years of Excavation Response Studies at AECL's Underground Research Laboratory[J]. International Journal of Rock Mechanics and Mining Sciences, 2004, 41(8):1251-1275.

[17] Crouch S L,Fairhurst C F. Analysis of Rock Mass Deformations Due to Excavation [J]. ASTM Special Technical Publication,1973, v3, detroit, MI,USA.

[18] Cook N G W. Seismicity Associated with Mining[J]. Engineering Geology, 1976, 10(2): 99-122.

[19] Walsh,Joseph B. Energy Changes Due to Mining[J]. International Journal of Rock Mechanics & Mining Sciences and Geomechanics Abstracts, v14,n1,Jan,1977: 25-33.

[20] Heuze F E, Patrick W C, Butkovich T R,et al. Rock Mechanics Studies of Mining in the Climax Granite [J]. International Journal of Rock Mechanics & Mining Sciences and Geomechanics Abstracts, 1982,19 (4):167-183.

[21] Kalkani E C. Excavation in Unloading Effect in Rock Wedge Stability Analysis[J]. Canadian Geotechnical Journal, 1997,14(2):258-262.

[22] Lodus E V. Stressed State and Stress Relaxation in Rocks[J]. Soviet Mining Science 1986,22(2):83-89.

[23] Read R S, Martin,C D. Monitoring the Excavation-induced Response of Granite[C]. U. S. Symposium on Rock Mechanics,Rock Mechanics Proceedings of the 33rd U. S. Symposium,1991: 201.

[24] Nguyen T S, Borgesson L, Chijimatsu M, et al. Hydro-mechanical Response of a Fractured Granitic Rock Mass to Excavation of a Test pit-the Kamaishi Mine Experiment in Japan[J]. International Journal of Rock Mechanics and Mining Sciences,2001, 38(1):79-84.

[25] Nozhin A F. Use of the Method of Limiting Equilibrium to Calculating Parameters of the Unloading Zone in the Rim of Deep Quarries[J]. Soviet Mining Science, 1985, 21(5): 405-409.

[26] Molinero J, Samper J,Juanes R. Numerical Modeling of the Transient Hydrogeological Response Produced by Tunnel Construction in Fractured Bedrocks[J]. Engineering Geology, 2002, 64(4): 369-386.

[27] Maejima T, Morioka H, Mori T,et al. Evaluation of Loosened Zones on Excavation of a Large Underground Rock Cavern and Application of Observational Construction Techniques[J]. Tunnel. Undergr. Space Technol. 2003,18: 223-232.

[28] Maxwell S C, Young R P. Seismic Imaging of Rock Mass Responses to Excavation [J]. International Journal of Rock Mechanics and Mining Sciences, 1996, 33(7):713-724.

[29] Maxwell S C,Young R P. A Micro-velocity Tool to Assess the Excavation Damaged zone[J]. International Journal of Rock Mechanics and Mining Sciences,1998,35(2):235-247.

[30] Young R P,Collins D S. Seismic Studies of Rock Fracture at Underground Research Laboratory[J]. International Journal of Rock Mechanics and Mining Sciences. 2001, 8(6): 787-799.

[31] Spivak A A. Relaxtion Monitoring and Diagnostics of Rock Massifs [J]. Journal of Mining Science, 1994, 30(5): 418.

[32] Lu W, Yang J, Yan P, et al. Dynamic Response of Rock Mass Induced by the Transient Release of in-situ Stress[J]. International Journal of Rock Mechanics and Mining Sciences, 2012, 53:129-141.

[33] Cook M A,Cook U D,et al. Behavior of Rock during Blasting[J]. Trans. Soci. Min. Engrs, 1966: 17-25.

[34] Abuov M G, Aitaliev S M, et al. Studies of the Effect of Dynamic Processes during Explosive Break-out upon the Roof of Mining Excavation[J]. Soviet mining Science, 1989, 24(6): 581-590.

[35] 邵鹏,东兆星,张勇. 岩石爆破模型研究综述[J]. 岩土力学,1999(3):91-96.

[36] 凌伟明,杨永琦. 爆生气体在光面爆破中的作用[J]. 煤炭学报,1990,15(1):73-82.

[37] 凌伟明. 光面爆破和预裂爆破破裂机理的研究[J]. 中国矿业大学学报,1990,12:79-87.

[38] 李玉民,倪芝芳. 光面预裂爆破成缝机理的探讨[J]. 有色金属,1990(6):34-36.

[39] 高金石,张继春. 爆破破岩机理动力分析[J]. 金属矿山,1989(9):74-78.

[40] 孙波勇,段卫东,郑峰,等. 岩石爆破理论模型的研究现状及发展趋势[J]. 矿业研究与开发,2007,

27(2):69-71.

[41] 徐莉丽,肖正学,蒲传金,等. 隧道光面爆破装药不耦合系数与岩石抗压强度关系分析[J]. 化工矿物与加工,2013,(8):26-29.

[42] 毛建安. 光面爆破技术在向莆铁路青云山特长隧道工程中的应用[J]. 现代隧道技术,2011,48(5):134-138.

[43] 顾义磊,李晓红,杜云贵,等. 隧道光面爆破合理爆破参数的确定[J]. 重庆大学学报(自然科学版),2005,28(3):95-97.

[44] 王家来,徐颖. 应变波对岩体的损伤作用和爆生裂纹传播[J]. 爆炸与冲击,1995,15(3):212-216.

[45] 陈士海,薛华培,吕国仁. 光面爆破岩体损伤和开裂面形态分析[J]. 解放军理工大学学报(自然科学版),2002,3(4):66-69.

[46] 吴亮,钟冬望,蔡路军. 空气间隔装药中光面爆破机理数值分析[J]. 武汉理工大学学报,2009,8(16):77-81.

[47] 赵明阶,徐蓉. 岩石损伤特性与强度的超声波速研究[J]. 岩土工程学报,2000,22(6):720-722.

[48] 严鹏,卢文波,单治钢,等. 深埋隧洞爆破开挖损伤区检测及特性研究[J]. 岩石力学与工程学报,2009(8):1552-1561.

[49] 张国华,陈礼彪,夏祥,等. 大断面隧道爆破开挖围岩损伤范围试验研究及数值计算[J]. 岩石力学与工程学报,2009(8):1610-1619.

[50] 张宪堂. 特殊赋存条件岩石爆破理论与技术[M]. 北京:化学工业出版社,2015.

[51] 杨小林. 岩石爆破损伤机理及对围岩损伤作用[M]. 北京:科学出版社,2015.

[52] 尚晓江,苏建宇. ANSYS/LS-DYNA动力分析方法与工程实例[M]. 北京:中国水利水电出版社,2006.

[53] 石少卿,康建功,汪敏,等. ANSYS/LS-DYNA在爆炸与冲击领域内的工程应用[M]. 北京:中国建筑工业出版社,2011.